U0873540

普通高等教育“十三五”应用型人才培养优质教材
本书获得湖北文理学院特色教材专项经费资助

Android
基础案例教程

主 编 童 雷

副主编 张少君 陈 瑶

西南交通大学出版社
·成 都·

内容提要

《Android 基础案例教程》从初学者的角度出发，采用案例驱动式教学方法，对 Android 基础知识进行讲解。在案例设计上力求贴合实际需求，真正做到把书本上的知识应用到实际开发中，非常适合初学者学习。

本书直接从讲解 UI 设计案例开始，后续包括 Android 中 Adapter 基础应用、对话框与菜单使用、组件应用、数据存储以及网络访问等案例。上述案例都是 Android 中最基本的知识，掌握这些知识可以让初学者在编写 Android 程序时得心应手。

本书附有配套视频、源代码，也有与之对应的 SPOC 教学平台，可提供作业、答疑、考试和学情分析。

本书既可作为高等院校本、专科计算机相关专业的教材，也可作为社会培训教材，是一本适合初学者学习和参考的读物。

图书在版编目（CIP）数据

Android 基础案例教程 / 童雷主编. —成都：西南交通大学出版社，2020.7
普通高等教育“十三五”应用型人才培养优质教材
ISBN 978-7-5643-7495-2

Ⅰ. ①A… Ⅱ. ①童… Ⅲ. ①移动终端－应用程序－程序设计－高等学校－教材 Ⅳ. ①TN929.53

中国版本图书馆 CIP 数据核字（2020）第 117352 号

普通高等教育“十三五”应用型人才培养优质教材

Android Jichu Anli Jiaocheng

Android 基础案例教程

主编　童　雷

责任编辑　罗在伟
封面设计　何东琳设计工作室

出版发行　西南交通大学出版社
（四川省成都市金牛区二环路北一段 111 号
西南交通大学创新大厦 21 楼）
邮政编码　610031
发行部电话　028-87600564　028-87600533
网址　http://www.xnjdcbs.com
印刷　成都勤德印务有限公司

成品尺寸　185 mm × 260 mm
印张　18.25
字数　401 千
版次　2020 年 7 月第 1 版
印次　2020 年 7 月第 1 次
定价　49.80 元
书号　ISBN 978-7-5643-7495-2

课件咨询电话：028-81435775

前言

Android 是一款针对手机的全新开源软件工具包，随着移动技术的不断发展，用户对移动设备中的应用需求也越来越广泛。对侧重学生技能培养的应用型高校来说，教学中更加强调实践能力训练，尽管近年来相关 Android 教材出版数量不在少数，但大多存在以下问题：第一，教材出版周期较长，而 Android 技术的更新速度非常快，往往教材刚出版，讲解的技术就已过时；第二，书中的案例要么比较匮乏，要么案例过大，致使案例可参考性较差；第三，缺乏具体的课程实践指导和针对知识点的参考项目。因此，编者根据课程教学的特点与需求，编写本实践教材。

本书的读者应该具备 Java 语言编程基础，并且初步熟悉 Android 开发的基本环境配置。本书通过项目实践来带动理论的学习，对技术应用有明确的目的性，对技术原理更好地融会贯通，也可以更好地检验学习效果。

本书具有如下特色：

1. 重项目实践

“IT 是做出来的，不是想出来的”，理论虽然重要，但一定要为实践服务。以项目为主线，带动理论的学习是最好、最快、最有效的方法。本书的特色是提供了一系列围绕主要知识点的项目。通过本书的学习，读者可以对 Android 开发技术和流程有一个整体了解，降低对项目的盲目感和神秘感，能够根据本书的体系循序渐进地动手做出实际项目来。

2. 以点带面

本书是以项目实践为主线的，着重介绍 Android 开发技术中最重要的部分，以及它们之间的相互联系，而不是面面俱到。通过这些小的案例逐步组合开发出实用的 App。

3. 可操作性强

本书涉及具体的例子都有清晰的步骤，可操作性强。

本书由湖北文理学院童雷任主编，襄阳市护士学校张少君、湖北文理学院陈瑶任副主编。本书中涉及的人名和电话号码并非真实姓名和真实电话号码，只是为了便于案例展示编制的，特此说明。本书对应的 SPOC 教学平台地址是 https://mooc1-1.chaoxing.com/mycourse/teachercourse?moocId=202717818&clazzid=11958363&edit=true&v=0&cpi=27107311，需要使用该学习资源的读者可以和作者联系（联系方式：40964952@qq.com）。

在本书的编写过程中，虽然力求完美，但不足之处在所难免，欢迎各界专家和读者朋友们给予宝贵意见，在下次修订出版时，对书稿加以完善。

编　者

2020 年 2 月

目录

第 1 单元　UI 设计案例 …… 001

1.1 ProgressBar（进度条）…… 001
1.2 SeekBar（拖动条）…… 005
1.3 RatingBar（星级评分条）…… 008
1.4 ScrollView（滚动条）…… 011
1.5 Date & Time 组件 …… 014

第 2 单元　Adapter 应用案例 …… 021

2.1 Adapter 基础讲解 …… 021
2.2 ListView 简单运用 …… 034
2.3 BaseAdapter 的优化 …… 051
2.4 ListView 的数据更新问题 …… 053
2.5 GridView（网格视图）的基本使用 …… 063
2.6 RecyclerView 的使用 …… 069
2.7 CardView 的使用 …… 101
2.8 Spinner（列表选项框）的基本使用 …… 106

第 3 单元　对话框与菜单使用案例 …… 114

3.1 AlertDialog（对话框）详解 …… 114
3.2 DatePickerDialog 和 TimePickerDialog …… 124
3.3 ProgressDialog 进度条对话框 …… 129
3.4 菜单（Menu）…… 132

第 4 单元 组件应用案例 …… 137

4.1 Activity 初学乍练 …… 137
4.2 Intent 的基本使用 …… 148
4.3 ContentProvider 初探 …… 170
4.4 Handler 消息传递机制 …… 182
4.5 AsyncTask 异步任务 …… 188

第 5 单元 数据存储与访问案例 …… 202

5.1 文件的存储读写 …… 202
5.2 SharedPreferences 保存用户偏好参数 …… 212
5.3 SQLite 数据库 …… 218
5.4 又见 SQLite 数据库 …… 232
5.5 连接 MySQL 数据库 …… 237

第 6 单元 网络访问案例 …… 241

6.1 Android HTTP 请求方式 …… 241
6.2 Android JSON 数据解析 …… 277

参考文献 …… 286

第 1 单元

UI 设计案例

1.1 ProgressBar（进度条）

本节引言

本节给用户介绍的是 Android 基本 UI 控件中的 ProgressBar（进度条），ProgressBar 的应用场景很多，比如用户登录时，向后台发送请求，以及等待服务器返回信息，这个时候会用到进度条；或进行一些比较耗时的操作需要等待一段较长的时间，这个时候如果没有提示，用户可能会以为程序 Carsh 或者手机死机了，这样会大大降低用户体验的舒适感。因此在需进行耗时操作的地方，添加上进度条，让用户知道当前程序正在执行中，也可以直观地告诉用户当前任务的执行进度等。

1. 常用属性讲解

（1）类关系图。

从官方文档，可以看到如下的类关系图：

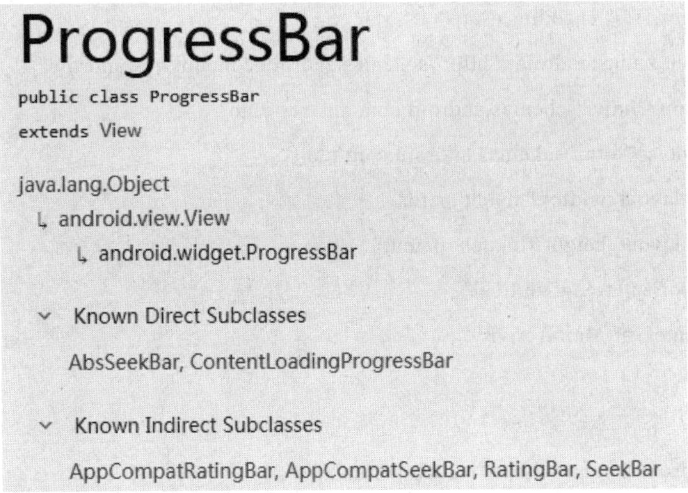
ProgressBar

public class ProgressBar
extends View

java.lang.Object
↳ android.view.View
↳ android.widget.ProgressBar

Known Direct Subclasses
AbsSeekBar, ContentLoadingProgressBar

Known Indirect Subclasses
AppCompatRatingBar, AppCompatSeekBar, RatingBar, SeekBar

ProgressBar 继承自 View 类，直接子类有 AbsSeekBar 和 ContentLoadingProgressBar，其中 AbsSeekBar 的子类有 SeekBar 和 RatingBar，可见这两者也是基于 ProgressBar 实现的。

（2）常用属性详解。

android:max：进度条的最大值；

android:progress：进度条已完成进度值；

android:progressDrawable：设置轨道对应的 Drawable 对象；

android:indeterminate：如果设置成 true，则进度条不精确显示进度；

android:indeterminateDrawable：设置不显示进度的进度条的 Drawable 对象；

android:indeterminateDuration：设置不精确显示进度的持续时间；

android:secondaryProgress：二级进度条，类似于视频播放的一条是当前播放进度，一条是缓冲进度，前者通过 progress 属性进行设置。

（3）对应在 Java 中用户可调用方法。

getMax()：返回这个进度条的范围的上限；

getProgress()：返回进度；

getSecondaryProgress()：返回次要进度；

incrementProgressBy（int diff）：指定增加的进度；

isIndeterminate()：指示进度条是否在不确定模式下；

setIndeterminate（boolean indeterminate）：设置不确定模式下。

2. 系统默认进度条使用实例

（1）新建一个 module，命名为 ProgressBarDemo。

（2）布局文件 activity_main.xml。

```
<?xml version="1.0" encoding="utf-8"?>
<LinearLayout xmlns:android="http://schemas.android.com/apk/res/android"
    xmlns:app="http://schemas.android.com/apk/res-auto"
    xmlns:tools="http://schemas.android.com/tools"
    android:layout_width="match_parent"
    android:layout_height="match_parent"
    android:orientation="vertical"
    tools:context=".MainActivity">


<TextView
        android:layout_width="match_parent"
```

```
            android:layout_height="wrap_content"
            android:layout_marginTop="30dp"
            android:gravity="center_horizontal"
            android:text="系统默认进度条"
            android:textSize="20sp" />
    <ProgressBar
            android:layout_marginTop="30dp"
            android:id="@+id/progressBar1"
            style="?android:attr/progressBarStyleLarge"
            android:layout_width="wrap_content"
            android:layout_height="wrap_content" />

    <ProgressBar
            android:layout_marginTop="30dp"
            android:id="@+id/progressBar2"
            style="?android:attr/progressBarStyleHorizontal"
            android:layout_width="match_parent"
            android:layout_height="wrap_content"
            android:max="1000"
            android:progress="120"/>
    <Button
            android:id="@+id/bt1"
            android:layout_marginTop="30dp"
            android:layout_width="match_parent"
            android:layout_height="wrap_content"
            android:text="新增"
            android:textSize="20sp"
            android:onClick="addValue" />
    <ProgressBar
            android:layout_marginTop="30dp"
            android:id="@+id/progressBar3"
            style="?android:attr/progressBarStyleSmall"
            android:layout_width="wrap_content"
            android:layout_height="wrap_content" />
    </LinearLayout>
```

（3）MainActivity.java。

```
public class MainActivity extends AppCompatActivity {
    ProgressBar progressBar;
    @Override
    protected void onCreate(Bundle savedInstanceState) {
        super.onCreate(savedInstanceState);
        setContentView(R.layout.activity_main);
        progressBar = findViewById(R.id.progressBar2);
    }
    public void addValue(View view) {
        int progress = progressBar.getProgress(); //获得当前进度值
        progress += 5; //每点击一次按钮，进度值加 5
        if(progress>1000){
            progress=1000;
        }
        progressBar.setProgress(progress);
    }
}
```

（4）运行效果，见图 1.1。

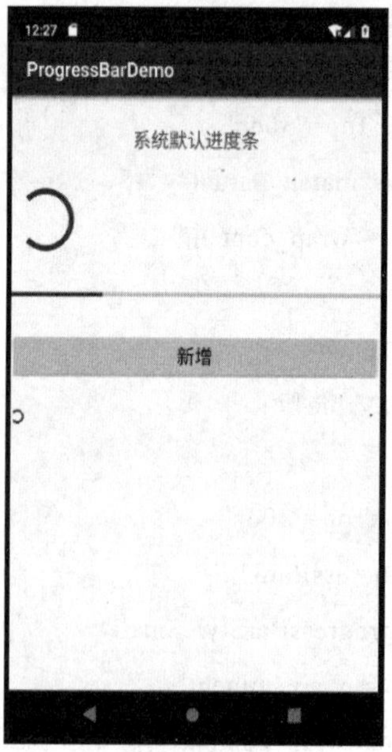

图 1.1

1.2 SeekBar（拖动条）

本节引言

本节学习 Android 基本 UI 控件中的拖动条——SeekBar，相信大多数用户对它并不陌生，最常见的地方就是音乐播放器或视频播放器，音量控制或者播放进度控制，都用到了这个 SeekBar。SeekBar 的类结构如下：

```
java.lang.Object
   ↳ android.view.View
        ↳ android.widget.ProgressBar
             ↳ android.widget.AbsSeekBar
                  ↳ android.widget.SeekBar
```

SeekBar 是 ProgressBar 的子类，也就是 ProgressBar 的属性都可以用。它还有一个自己的属性：android:thumb，允许用户自定义滑块。

1. SeekBar 的基本用法

SeekBar 的基本用法很简单，常用的属性有如下几个，Java 代码里只要 set×××即可。

android:max="100" //滑动条的最大值

android:progress="60" //滑动条的当前值

android:secondaryProgress="70" //二级滑动条的进度

android:thumb = "@mipmap/sb_icon" //滑块的 drawable

SeekBar 的事件监听器是 SeekBar.OnSeekBarChangeListener，用户只需重写三个对应的即可，方法为：

onProgressChanged：进度发生改变时会触发

onStartTrackingTouch：按住 SeekBar 时会触发

onStopTrackingTouch：放开 SeekBar 时触发

2. SeekBar 案例实现

（1）新建一个 module，命名为 SeekBarDemo。

（2）布局文件 activity_main.xml。

```
<?xml version="1.0" encoding="utf-8"?>
<LinearLayout xmlns:android="http://schemas.android.com/apk/res/android"
    xmlns:app="http://schemas.android.com/apk/res-auto"
    xmlns:tools="http://schemas.android.com/tools"
```

```
        android:layout_width="match_parent"
        android:layout_height="match_parent"
        android:orientation="vertical"
        tools:context=".MainActivity">

    <SeekBar
        android: 用_marginTop="20dp"
        android:id="@+id/seekBar"
        android:layout_width="match_parent"
        android:layout_height="wrap_content"
        android:max="100"
        />
    <ProgressBar
            android:layout_marginTop="20dp"
            android:id="@+id/progressBar"
            style="@android:style/Widget.ProgressBar.Horizontal"
            android:layout_width="match_parent"
            android:layout_height="wrap_content"
            android:max="100"
            />
    </LinearLayout>
```

（3）MainActivity.java。

```
public class MainActivity extends AppCompatActivity {
    SeekBar seekBar;
    ProgressBar progressBar;
    @Override
    protected void onCreate(Bundle savedInstanceState) {
        super.onCreate(savedInstanceState);
        setContentView(R.layout.activity_main);
        seekBar = findViewById(R.id.seekBar);
        progressBar = findViewById(R.id.progressBar);
        seekBar.setOnSeekBarChangeListener(new SeekBar.OnSeekBarChangeListener() {
            @Override
            public void onProgressChanged(SeekBar seekBar, int progress, boolean fromUser) {
                //fromUser--是否是用户主动拖拽进度条发生的改变
                if(fromUser){
```

```
                    progressBar.setProgress(progress);
                }
            }

            @Override
            public void onStartTrackingTouch(SeekBar seekBar) {
                Toast.makeText(MainActivity.this,"开始拖拽",
                 Toast.LENGTH_SHORT).show();
            }

            @Override
            public void onStopTrackingTouch(SeekBar seekBar) {
                Toast.makeText(MainActivity.this,"放开拖拽",
                 Toast.LENGTH_SHORT).show();
            }
        });
    }
}
```

（4）运行效果，见图 1.2。

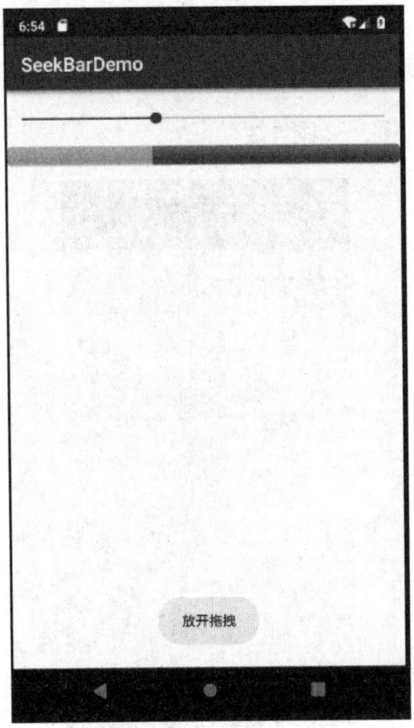

图 1.2

1.3 RatingBar（星级评分条）

本节引言

本节学的 RatingBar（星级评分条）比较简单，在网上购过物的用户对这个应该不会感到陌生。买家对卖家评分的时候就会用到这个星级评分条。从官方文档可以看出，RatingBar 和 SeekBar 的类结构是一样的，也是 ProgressBar 的子类。

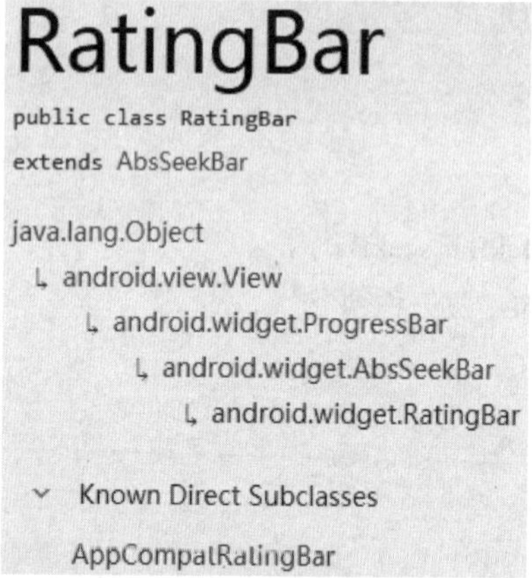

也就是说 RatingBar 同样拥有 ProgressBar 的相关属性，接下来我们来探究 RatingBar 特有的属性。

1. RatingBar 基本使用

5.0 的 RatingBar 原生模样，见图 1.3。

图 1.3

——相关属性：

android:isIndicator：是否用作指示，用户无法更改，默认 false；

android:numStars：显示多少个星星，必须为整数；

android:rating：默认评分值，必须为浮点数；

android:stepSize：评分每次增加的值，必须为浮点数。

除了上面这些，还有两种样式供用户选择，分别是：

style="?android:attr/ratingBarStyleSmall"

style="?android:attr/ratingBarStyleIndicator"

——事件处理：只需为 RatingBar 设置 OnRatingBarChangeListener 事件，然后重写下 onRatingChanged()方法即可。

2. RatingBar 案例实现

（1）新建一个 module，命名为 RatingBarDemo。

（2）布局文件 activity_main.xml。

```
<?xml version="1.0" encoding="utf-8"?>
<LinearLayout xmlns:android="http://schemas.android.com/apk/res/android"
      xmlns:app="http://schemas.android.com/apk/res-auto"
      xmlns:tools="http://schemas.android.com/tools"
      android:layout_width="match_parent"
      android:layout_height="match_parent"
      android:orientation="vertical"
      tools:context=".MainActivity">

<RatingBar
          android:layout_marginTop="20dp"
          android:id="@+id/ratingBar"
          android:layout_width="wrap_content"
          android:layout_height="wrap_content"
          android:numStars="5"
          android:stepSize="0.5"
          />
<TextView
          android:layout_marginTop="20dp"
          android:id="@+id/textView"
          android:layout_width="match_parent"
          android:layout_height="wrap_content"
          android:text="用户评分：0 颗星"
```

```
        android:textSize="30sp"
        />
</LinearLayout>
```

（3）MainActivity.java。

```
public class MainActivity extends AppCompatActivity {
    RatingBar ratingBar;
    TextView textView;
    @Override
    protected void onCreate(Bundle savedInstanceState) {
        super.onCreate(savedInstanceState);
        setContentView(R.layout.activity_main);
        ratingBar = findViewById(R.id.ratingBar);
        textView = findViewById(R.id.textView);
        ratingBar.setOnRatingBarChangeListener(new RatingBar.OnRatingBarChangeListener() {
            @Override
            public void onRatingChanged(RatingBar ratingBar, float rating, boolean fromUser) {
                if(fromUser){
                    textView.setText("用户评分："+rating+"颗星");
                }
            }
        });
    }
}
```

（4）运行效果，见图 1.4。

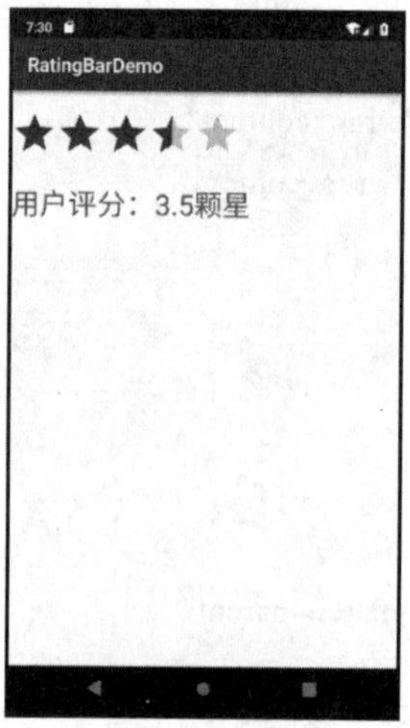

图 1.4

1.4 ScrollView（滚动条）

本节引言

本节讲解 Android 基本 UI 控件中的 ScrollView（滚动条），也叫竖直滚动条，对应于另外一个水平方向上的滚动条：HorizontalScrollView。从官方文档可以看到类的结构如下：

```
ScrollView
public class ScrollView
extends FrameLayout

java.lang.Object
   ↳ android.view.View
        ↳ android.view.ViewGroup
             ↳ android.widget.FrameLayout
                  ↳ android.widget.ScrollView
```

原来它是一个 FrameLayout 的容器，只是在它的基础上添加了滚动，允许可显示比实际多的内容。

另外，可在里面放置一个子元素，可以是单一的组件，又或者一个布局包裹着的复杂的层次结构。

如遇到可能显示不完的情况，用户可以直接在布局的外层套上一个 ScrollView 或者 HorizontalScrollView。

1. 实际开发中的常见需求

实际开发中常见的一些需求如下：

（1）滚动到底部/顶部

用户可以直接利用 ScrollView 所提供的 fullScroll()方法：

scrollView.fullScroll（ScrollView.FOCUS_DOWN）；滚动到底部

scrollView.fullScroll（ScrollView.FOCUS_UP）；滚动到顶部

用户在使用时要注意异步的问题，即在 addView 后，有可能还没有显示完，如果此时直接调用，可能会无效，则需要用户写 handler 予以更新。

（2）滚动显示 View 的全部内容

用户可以用 ScrollView 包含一个布局，同时在布局中可以有多个组件。

2. ScrollView 案例实现

（1）新建一个 module，命名为 ScrollViewDemo。

（2）布局文件 activity_main.xml。

```
<?xml version="1.0" encoding="utf-8"?>
<LinearLayout xmlns:android="http://schemas.android.com/apk/res/android"
    xmlns:app="http://schemas.android.com/apk/res-auto"
    xmlns:tools="http://schemas.android.com/tools"
    android:layout_width="match_parent"
    android:layout_height="match_parent"
    android:orientation="vertical"
    tools:context=".MainActivity">
    <ScrollView
        android:layout_width="wrap_content"
        android:layout_height="wrap_content">
        <LinearLayout
            android:layout_width="wrap_content"
            android:layout_height="wrap_content"
            android:orientation="vertical">
            <SeekBar
                android:layout_marginTop="20dp"
                android:id="@+id/seekBar"
                android:layout_width="match_parent"
                android:layout_height="wrap_content"
                android:max="100"/>
            <ProgressBar
                android:layout_marginTop="20dp"
                android:id="@+id/progressBar"
                style="@android:style/Widget.ProgressBar.Horizontal"
                android:layout_width="match_parent"
                android:layout_height="wrap_content"
                android:max="100"/>
            <TextView
                android:layout_width="match_parent"
                android:layout_height="wrap_content"
                android:text="2003 年 10 月，Andy Rubin 等人创建 Android 公司，并组建
Android 团队。
    2005 年 8 月 17 日，Google 低调收购了成立仅 22 个月的高科技企业 Android 及其团队。Andy
Rubin 成为 Google 公司工程部副总，继续负责 Android 项目。
```

2007 年 11 月 5 日，谷歌公司正式向外界展示了这款名为 Android 的操作系统，并且在这天谷歌宣布建立一个全球性的联盟组织，该组织由 34 家手机制造商、软件开发商、电信运营商以及芯片制造商共同组成，并与 84 家硬件制造商、软件开发商及电信营运商组成开放手持设备联盟（Open Handset Alliance）来共同研发改良 Android 系统，这一联盟将支持谷歌发布的手机操作系统以及应用软件，Google 以 Apache 免费开源许可证的授权方式，发布了 Android 的源代码。

2008 年，在 GoogleI/O 大会上，谷歌展示了 AndroidHAL 架构图，在同年 8 月 18 号，Android 获得了美国联邦通信委员会（FCC）的批准，在 2008 年 9 月，谷歌正式发布了 Android 1.0 系统，这也是 Android 系统最早的版本。

2009 年 4 月，谷歌正式推出了 Android 1.5 款手机，从 Android 1.5 版本开始，谷歌开始将 Android 的版本以甜品的名字命名，Android 1.5 命名为 Cupcake（纸杯蛋糕）。该系统与 Android 1.0 相比有了很大的改进。

2009 年 9 月，谷歌发布了 Android 1.6 的正式版，并且推出了搭载 Android 1.6 正式版的手机 HTC Hero（G3），凭借着出色的外观设计以及全新的 Android 1.6 操作系统，HTC Hero（G3）成为当时全球最受欢迎的手机。Android 1.6 也有一个有趣的甜品名称，它被称为 Donut（甜甜圈）。

2010 年 2 月，Linux 内核开发者 Greg Kroah-Hartman 将 Android 的驱动程序从 Linux 内核“状态树”（“staging tree”）上除去，从此，Android 与 Linux 开发主流将分道扬镳。在同年 5 月份，谷歌正式发布了 Android 2.2 操作系统。谷歌将 Android 2.2 操作系统命名为 Froyo，翻译完名为冻酸奶。

2010 年 10 月，谷歌宣布 Android 系统达到了第一个里程碑，即电子市场上获得官方数字认证的 Android 应用数量已经达到了 10 万个，Android 系统的应用增长非常迅速。在 2010 年 12 月，谷歌正式发布了 Android 2.3 操作系统 Gingerbread（姜饼）。

2011 年 1 月，谷歌称每日的 Android 设备新用户数量达到了 30 万部，到 2011 年 7 月，这个数字增长到 55 万部，而 Android 系统设备的用户总数达到了 1.35 亿，Android 系统已经成为智能手机领域占有量最高的系统。

2011 年 8 月 2 日，Android 手机已占据全球智能机市场 48%的份额，并在亚太地区市场占据统治地位，终结了 Symbian（塞班系统）的霸主地位，跃居全球第一。

2011 年 9 月，Android 系统的用户已经达到了 48 万，而在智能手机市场，Android 系统的占有率也达到了 43%。继续在排在移动操作系统首位。谷歌将会发布全新的 Android 4.0 操作系统，这款系统被谷歌命名为 Ice Cream Sandwich（冰激凌三明治）。

2012 年 1 月 6 日，谷歌 Android Market 已有 10 万开发者推出超过 40 万活跃的应用，大多数的应用程序免费。Android Market 应用程序商店目录在新年首周周末突破 40 万，距离突破 30 万应用仅 4 个月。在 2011 年早些时候，Android Market 从 20 万增加到 30 万应用也仅用了四个月。

2013 年 11 月 1 日，Android4.4 正式发布，从具体功能上讲，Android4.4 提供了各种实用小功能，新的 Android 系统更智能，添加更多的 Emoji 表情图案，UI 的改进也更为现代化，如全新的 HelloiOS7 半透明效果。

2015 年，网络安全公司 Zimperium 研究人员警告，安卓(Android)存在“致命”安全漏洞,黑客发送一封彩信便能在用户毫不知情的情况下完全控制手机。

2018 年 10 月，谷歌表示，计划于 2018 年 12 月 6 日停止 Android 系统中的 Nearby Notifications（附近通知）服务，因为 Android 用户收到太多的附近商家推销信息的垃圾邮件。

```
    2020 年 3 月，谷歌的 Android 安全公告中提到，新更新已经提供了 CVE-2020-0069 补丁来解
决针对联发科芯片的一个严重安全漏洞。
    "/>
            </LinearLayout>
        </ScrollView>
    </LinearLayout>
```

1.5 Date & Time 组件

本节引言

本节学习 Android 系统给用户提供的几个原生的 Date & Time 组件，它们分别是：DatePicker（日期选择器），TimePicker（时间选择器），CalendarView（日期视图）。

1. DatePicker（日期选择器）

可供用户使用的属性如下：

android:calendarTextColor：日历列表的文本的颜色；

android:calendarViewShown：是否显示日历视图；

android:datePickerMode：组件外观，可选值:spinner，calendar。前者效果见图 1.5，默认效果见图 1.6。

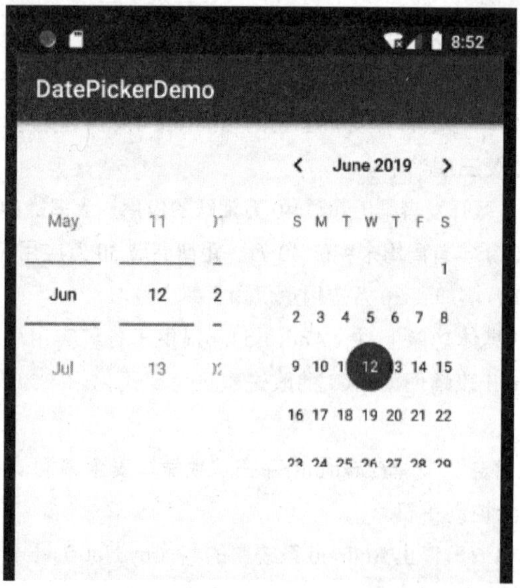

图 1.5

图 1.6

android:dayOfWeekBackground：顶部星期几的背景颜色；

android:dayOfWeekTextAppearance：顶部星期几的文字颜色；

android:endYear：去年（内容），比如 2019；

android:firstDayOfWeek：设置日历列表以星期几开头；

android:headerBackground：整个头部的背景颜色；

android:headerDayOfMonthTextAppearance：头部日期字体的颜色；

android:headerMonthTextAppearance：头部月份的字体颜色；

android:headerYearTextAppearance：头部年的字体颜色；

android:maxDate：最大日期显示在这个日历视图 mm / dd / yyyy 格式；

android:minDate：最小日期显示在这个日历视图 mm / dd / yyyy 格式；

android:spinnersShown：是否显示 spinner；

android:startYear：设置第一年（内容），比如 1990 年；

android:yearListItemTextAppearance：列表的文本出现在列表中；

android:yearListSelectorColor：年列表选择的颜色。

下面我们通过案例了解 DatePicker 的事件:DatePicker.OnDateChangedListener。

（1）新建一个 module，命名为 DatePickerDemo。

（2）布局文件 activity_main.xml。

```
<?xml version="1.0" encoding="utf-8"?>
<LinearLayout xmlns:android="http://schemas.android.com/apk/res/android"
    xmlns:app="http://schemas.android.com/apk/res-auto"
    xmlns:tools="http://schemas.android.com/tools"
    android:layout_width="match_parent"
    android:layout_height="match_parent"
    android:orientation="vertical"
    tools:context=".MainActivity"
>
<DatePicker
        android:id="@+id/dp"
        android:layout_width="match_parent"
        android:layout_height="match_parent"
></DatePicker>
</LinearLayout>
```

（3）MainActivity.java。

```
public class MainActivity extends AppCompatActivity implements DatePicker.OnDateChanged
Listener {
```

```
    @Override
    protected void onCreate(Bundle savedInstanceState) {
        super.onCreate(savedInstanceState);
        setContentView(R.layout.activity_main);
        DatePicker datePicker=findViewById(R.id.dp);
        Calendar calendar=Calendar.getInstance();
        int year = calendar.get(Calendar.YEAR);
        int month=calendar.get(Calendar.MONTH);
        int day=calendar.get(Calendar.DAY_OF_MONTH);
        datePicker.init(year,month,day,this);
    }

    @Override
    public void onDateChanged(DatePicker view, int year, int monthOfYear, int dayOfMonth) {
        Toast.makeText(this, "您选择的日期是:"+year+"年"+(monthOfYear+1)+
                "月"+dayOfMonth+"日", Toast.LENGTH_SHORT).show();
    }
}
```

（4）运行效果，见图 1.7。

图 1.7

2. TimePicker（时间选择器）

官方给用户提供的属性只有一个：android:timePickerMode：组件外观，同样可选值为:spinner 和 clock（默认）。对应的效果见图 1.8。

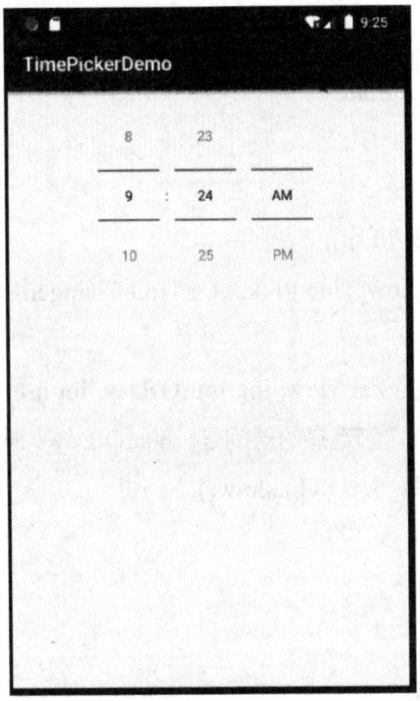

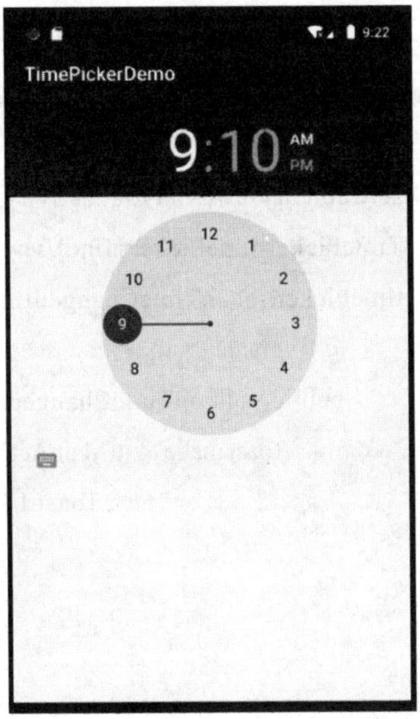

图 1.8

下面通过案例来了解对应的监听事件：TimePicker.OnTimeChangedListener。

（1）新建一个 module，命名为 TimePickerDemo。

（2）布局文件 activity_main.xml。

```
<?xml version="1.0" encoding="utf-8"?>
<LinearLayout xmlns:android="http://schemas.android.com/apk/res/android"
    xmlns:app="http://schemas.android.com/apk/res-auto"
    xmlns:tools="http://schemas.android.com/tools"
    android:layout_width="match_parent"
    android:layout_height="match_parent"
    android:orientation="vertical"
    tools:context=".MainActivity">
<TimePicker
        android:id="@+id/tp"
        android:layout_width="match_parent"
        android:layout_height="match_parent"
></TimePicker>
</LinearLayout>
```

（3）MainActivity.java。

```
public class MainActivity extends App CompatActivity {
```

```java
	@Override
	protected void onCreate(Bundle savedInstanceState) {
		super.onCreate(savedInstanceState);
		setContentView(R.layout.activity_main);
		TimePicker timePicker=findViewById(R.id.tp);
		timePicker.setOnTimeChangedListener(new TimePicker.OnTimeChangedListener() {
			@Override
			public void onTimeChanged(TimePicker view, int hourOfDay, int minute) {
				Toast.makeText(MainActivity.this, "您选择的时间是"+hourOfDay+"时"+minute+
						"分", Toast.LENGTH_SHORT).show();
			}
		});
	}
}
```

（4）运行效果，见图 1.9。

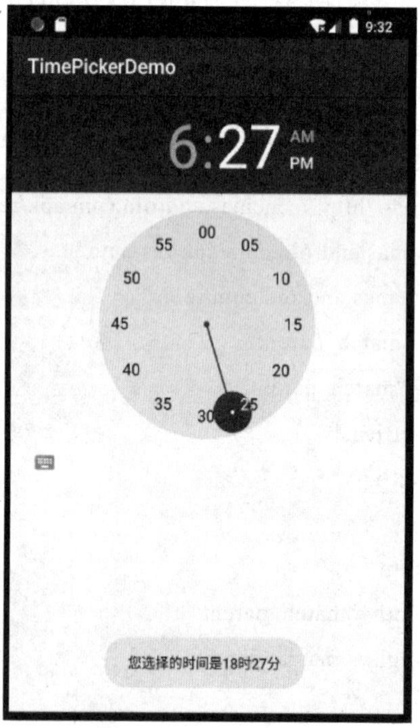

图 1.9

3. CalendarView（日历视图）

如图 1.10 所示，日历视图看起来和 DatePicker 类似，关于日历视图的一些属性如下：

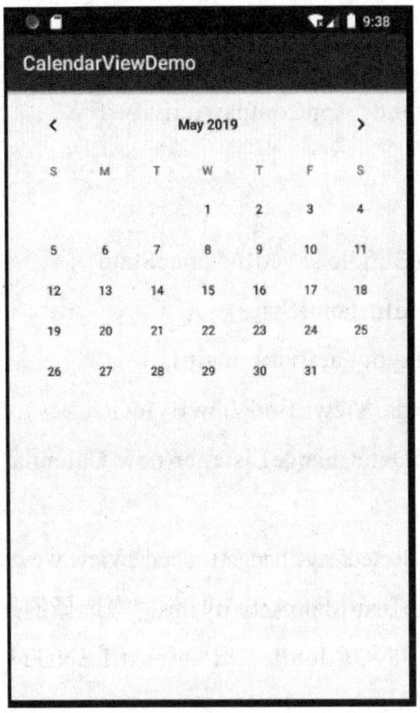

图 1.10

android:firstDayOfWeek：设置一个星期的第一天；

android:maxDate ：最大的日期显示在这个日历视图 mm / dd / yyyy 格式；

android:minDate：最小的日期显示在这个日历视图 mm / dd / yyyy 格式；

android:weekDayTextAppearance：工作日的文本出现在日历标题缩写。

对应的日期改变事件是：CalendarView.OnDateChangeListener。

（1）新建一个 module，命名为 CalendarViewDemo。

（2）布局文件 activity_main.xml。

```
<?xml version="1.0" encoding="utf-8"?>
<LinearLayout xmlns:android="http://schemas.android.com/apk/res/android"
    xmlns:app="http://schemas.android.com/apk/res-auto"
    xmlns:tools="http://schemas.android.com/tools"
    android:layout_width="match_parent"
    android:layout_height="match_parent"
    android:orientation="vertical"
    tools:context=".MainActivity">
<CalendarView
        android:id="@+id/cv"
        android:layout_width="match_parent"
        android:layout_height="match_parent"
></CalendarView>
</LinearLayout>
```

（3）MainActivity.java。

```
public class MainActivity extends AppCompatActivity {

    @Override
    protected void onCreate(Bundle savedInstanceState) {
        super.onCreate(savedInstanceState);
        setContentView(R.layout.activity_main);
        CalendarView calendarView=findViewById(R.id.cv);
        calendarView.setOnDateChangeListener(new CalendarView.OnDateChangeListener() {
            @Override
            public void onSelectedDayChange(CalendarView view, int year, int month, int dayOfMonth) {
                Toast.makeText(MainActivity.this, "您选择的是"+year+"年"+(month+1)+"月"+
                        dayOfMonth+"日", Toast.LENGTH_SHORT).show();
            }
        });
    }
}
```

（4）运行效果，见图 1.11。

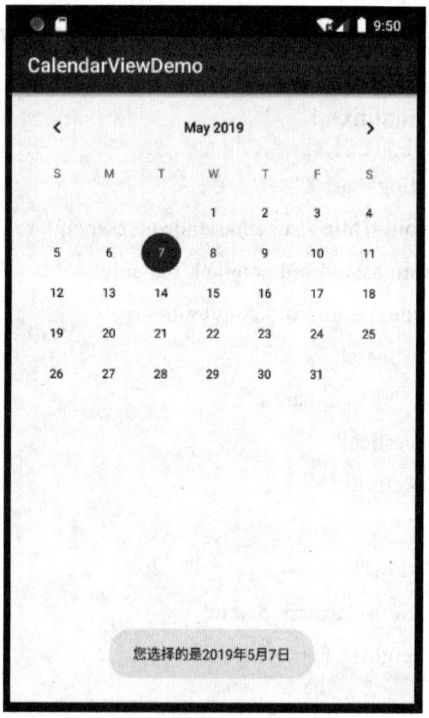

图 1.11

第 2 单元

Adapter 应用案例

2.1 Adapter 基础讲解

本节引言

从本节开始，向用户介绍的 UI 控件都是跟 Adapter（适配器）打交道的。了解并学会使用 Adapter 很重要，Adapter 是用来帮助填充数据的中间桥梁，简单点说就是：将各种数据以合适的形式显示到 View 上，提供给用户查看。

2.1.1 MVC 模式的简单理解

在开始学习 Adapter 之前，用户需要了解下 MVC 模式的概念，举个例子，大型的商业程序通常由多人一同开发完成，比如有人负责操作接口的规划与设计，有人负责程序代码的编写。如果要能够做到程序项目的分工就必须在程序的结构上做合适的安排，接口设计与修改都涉及程序代码的改变，那么两者的分工就会造成执行上的困难。良好的程序架构师将整个程序项目划分为如图 2.1 所示的三大部分。

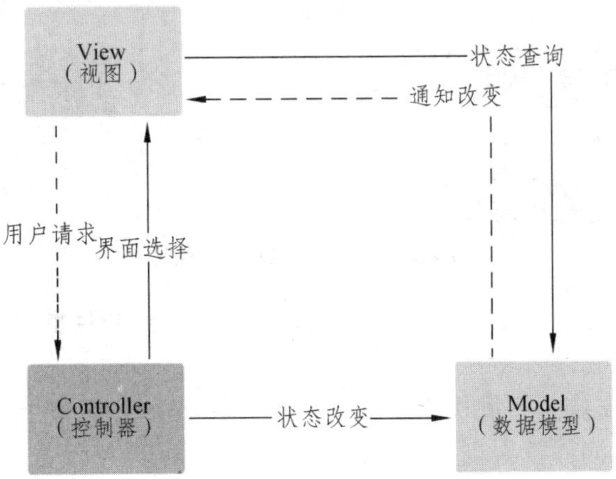

图 2.1　MVC 组件类型的关系

关系图解析：

Model：通常可以理解为数据，负责执行程序的核心运算与判断逻辑。通过 View 获得用户输入的数据，然后根据从数据库查询相关的信息，最后进行运算和判断，再将得到的结果交给 View 来显示。

View：用户的操作接口，即 GUI。应该使用哪种接口组件，组件间的排列位置与顺序都需要设计。

Controller：控制器。作为 Model 与 View 之间的枢纽，负责控制程序的执行流程以及对象之间的一个互动。

而 Adapter 则是中间 Controller 的部分：Model（数据）→Controller（以什么方式显示到）→View（用户界面）。

2.1.2　Adapter 概念解析

Adapter 的继承结构，如图 2.2 所示。

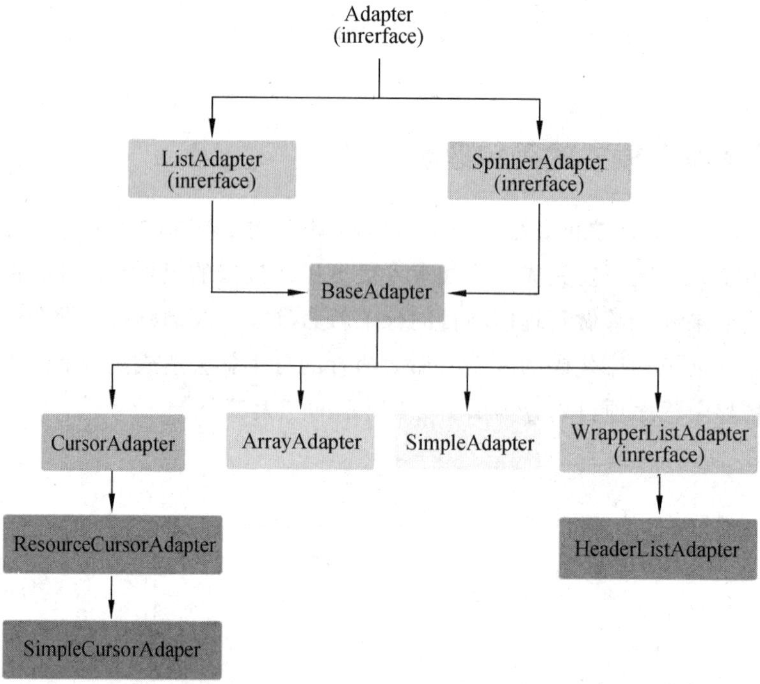

图 2.2　Adapter 继承结构图

BaseAdapter：抽象类，实际开发中用户会继承这个类并且重写相关方法，是用得最多的一个 Adapter。

ArrayAdapter：支持泛型操作，最简单的一个 Adapter，只能展现一行文字。

SimpleAdapter：同样具有良好扩展性的一个 Adapter，可以自定义多种效果。

SimpleCursorAdapter：用于显示简单文本类型的 ListView，一般在数据库那里会用到，已较为过时，不推荐使用。

2.1.3 代码示例

接下来介绍几个简单的 Adapter 实例，帮助用户了解 Adapter 所带来的便利，另外，因为 Adapter 需要结合 ListView、GridView 等控件讲解，一些高级一点的用法将放在 ListView 板块予以介绍！

1. 自定义资源文件，直接使用布局实现 ListView 的最简单例子

（1）新建一个 module，命名为 ListViewDemo。

（2）资源文件 strings.xml 增加一个字符串数组资源。

```
<resources>
    <string name="app_name">ListViewDemo</string>
    <string-array name="cities" >
        <item>北京</item>
        <item>上海</item>
        <item>哈尔滨</item>
        <item>襄阳</item>
        <item>乌鲁木齐</item>
        <item>南京</item>
        <item>武汉</item>
        <item>青岛</item>
        <item>桂林</item>
        <item>敦煌</item>
        <item>巴彦淖尔</item>
        <item>潍坊</item>
        <item>台北</item>
        <item>三亚</item>
    </string-array>
</resources>
```

（3）布局文件 activity_main.xml。

```
<?xml version="1.0" encoding="utf-8"?>
<LinearLayout xmlns:android="http://schemas.android.com/apk/res/android"
    xmlns:app="http://schemas.android.com/apk/res-auto"
    xmlns:tools="http://schemas.android.com/tools"
    android:layout_width="match_parent"
    android:layout_height="match_parent"
    android:orientation="vertical"
```

```
        tools:context=".MainActivity">

        <ListView
            android:id="@+id/listView"
            android:divider="@color/colorAccent"
            android:dividerHeight="2dp"
            android:layout_width="match_parent"
            android:layout_height="match_parent"
            android:entries="@array/cities"
            >
        </ListView>

</LinearLayout>
```

（4）运行效果，见图 2.3。

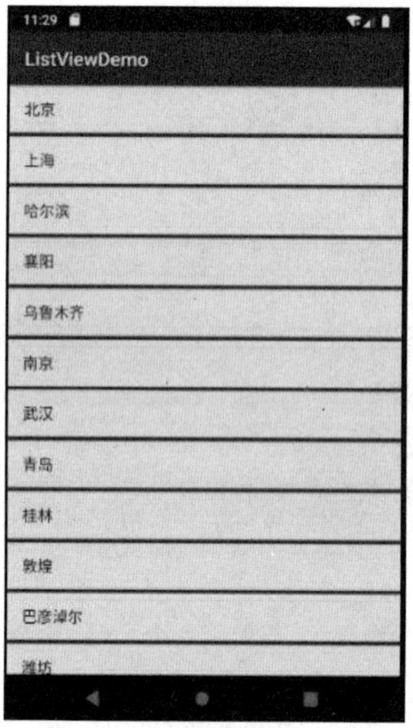

图 2.3

2. 使用 ArrayAdapter 加载数据实现 ListView

（1）MainActivity.java。

```
public class MainActivity extends AppCompatActivity {
    String[] versionZN ={
            "Android 1.5 Cupcake（ 纸杯蛋糕 ）","Android 1.6 Donut（ 甜甜圈 ）",
```

```
            "Android 2.0/2.01/2.1 Eclair（ 闪电泡芙 ）","Android 2.2 Froyo（ 冻酸奶 ）",
            "Android 2.3 Gingerbread（ 姜饼 ）","Android 3.0-3.2 Honeycomb（ 蜂巢 ）",
            "Android 4.0 IceCream Sandwich（ 冰激凌三明治 ）","Android 4.1-4.3 Jelly Bean
（ 软糖豆 ）",
            "Android 4.4 KitKat（ 雀巢奇巧巧克力 ）","Android 5.0/5.1 Lollipop（ 棒棒糖 ）",
            "Android 6.0 Marshmallow（ 棉花糖 ）","Android 7.0 Nougat（ 牛轧糖 ）",
            "Android 8.0 Oreo（ 奥利奥 ）","Android 9.0 Pie（ 馅饼 ）"
    };
    ListView listView;

    @Override
    protected void onCreate(Bundle savedInstanceState) {
        super.onCreate(savedInstanceState);
        setContentView(R.layout.activity_main);
        listView=findViewById(R.id.listView);
        ArrayAdapter<String> arrayAdapter = new ArrayAdapter<String>(this,
                android.R.layout.simple_list_item_1,versionZN);
        listView.setAdapter(arrayAdapter);
    }
}
```

（2）运行效果，见图 2.4。

图 2.4

3. 其他相关的内容

（1）可以在 Java 代码中按如下程序编写来使用资源文件。

```
ArrayAdapter<CharSequence> arrayAdapter = ArrayAdapter.createFromResource(this,
                R.array.cities,android.R.layout.simple_list_item_multiple_choice );
```

（2）ArrayAdapter 支持泛型，可以使用集合，例如：

```
List<String> data = new ArrayList<String>();
data.add("Android 1.5 Cupcake ( 纸杯蛋糕 )");
data.add("Android 1.6 Donut ( 甜甜圈 )");
ArrayAdapter<String> arrayAdapter = new ArrayAdapter<String>(this,
        android.R.layout.simple_expandable_list_item_1,data);
```

（3）关于实例化 ArrayAdapter 的第二个参数是系统给用户提供好的一些 ListView 模板，通常有以下一些选项：

simple_list_item_1：单独一行的文本框。

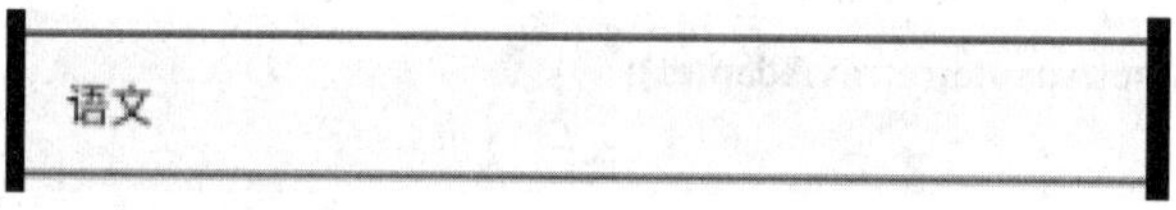

simple_list_item_2：两个文本框组成。

simple_list_item_checked：每项都是由一个已选中的列表项。

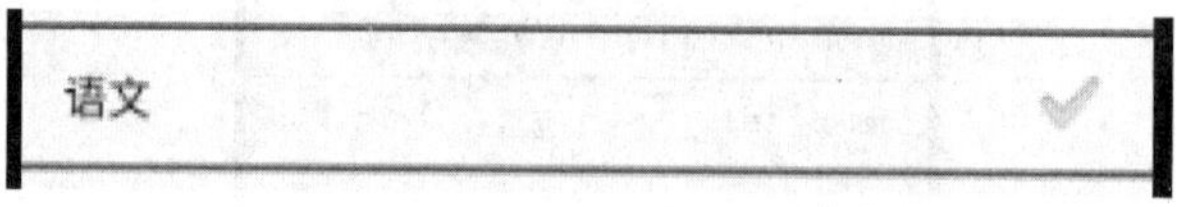

simple_list_item_multiple_choice：都带有一个复选框。

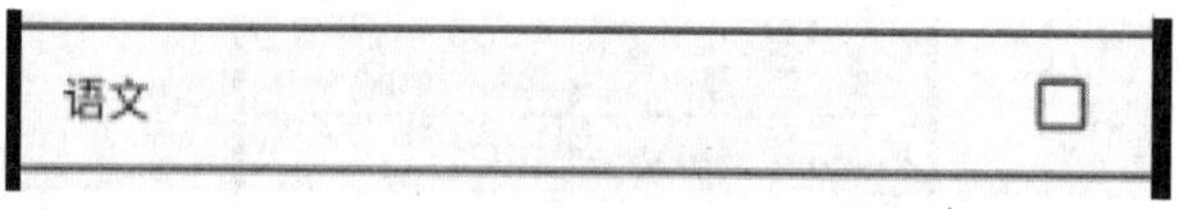

simple_list_item_single_choice：都带有一个单选钮。

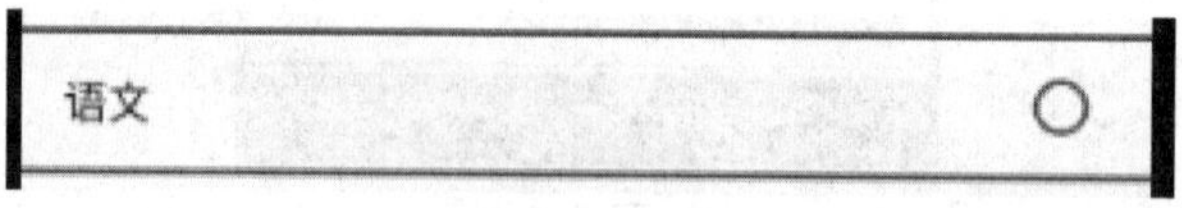

4. SimpleAdapter 使用示例

SimpleAdapter：简单的 Adapter，看似简单，功能强大，下面我们来看个案例。

（1）新建一个 module，命名为 SimpleAdapterDemo。

（2）新建一个自定义布局文件 list_item.xml。

```
<?xml version="1.0" encoding="utf-8"?>
<LinearLayout
    xmlns:android="http://schemas.android.com/apk/res/android"
    android:layout_width="match_parent"
    android:layout_height="match_parent"
    android:orientation="horizontal">
<!-- 定义一个用于显示头像的 ImageView -->
<ImageView
        android:id="@+id/imgtou"
        android:layout_width="64dp"
        android:layout_height="64dp"
        android:baselineAlignBottom="true"
        android:paddingLeft="8dp" />

<!-- 定义一个竖直方向的 LinearLayout,使用两个文本框显示两行文本 -->
<LinearLayout
        android:layout_width="match_parent"
        android:layout_height="wrap_content"
        android:orientation="vertical">

<TextView
            android:id="@+id/versions"
            android:layout_width="wrap_content"
            android:layout_height="wrap_content"
            android:paddingLeft="8dp"
            android:textColor="#1D1D1C"
            android:textSize="20sp" />

<TextView
            android:id="@+id/names"
            android:layout_width="wrap_content"
            android:layout_height="wrap_content"
```

```
            android:paddingLeft="8px"
            android:textColor="#B4B4B9"
            android:textSize="14sp" />

</LinearLayout>
```

（3）收集 7 个头像图片，导入 mipmap 文件夹。

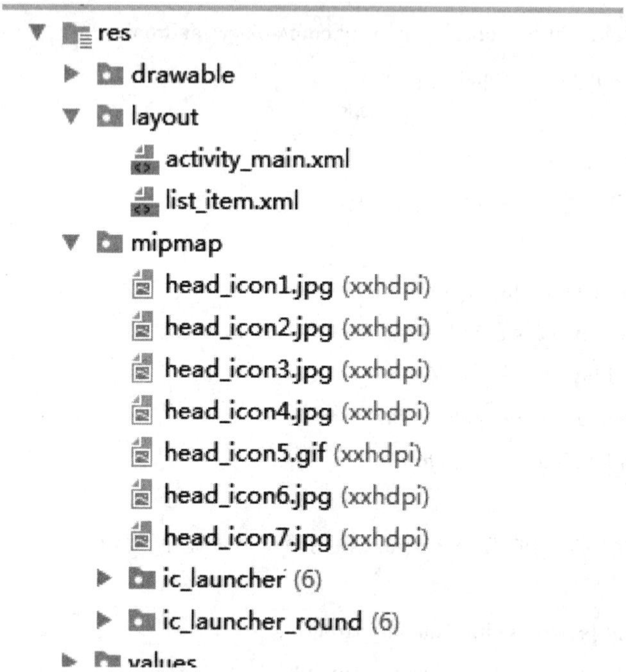

（4）布局文件 activity_main.xml。

```
<?xml version="1.0" encoding="utf-8"?>
<LinearLayout xmlns:android="http://schemas.android.com/apk/res/android"
    xmlns:app="http://schemas.android.com/apk/res-auto"
    xmlns:tools="http://schemas.android.com/tools"
    android:layout_width="match_parent"
    android:layout_height="match_parent"
    android:orientation="vertical"
    tools:context=".MainActivity">

  <TextView
        android:gravity="center"
        android:layout_width="match_parent"
```

```
        android:layout_height="wrap_content"
        android:textSize="30sp"
        android:textColor="#C221A2"
        android:text="Android 版本的变迁"
        android:paddingBottom="10dp"/>
    <ListView
        android:id="@+id/listView"
        android:layout_width="match_parent"
        android:layout_height="wrap_content">
    </ListView>

</LinearLayout>
```

（5）MainActivity.java。

```
public class MainActivity extends AppCompatActivity {
    private String[] versions = new String[]{"Android 1.5 Cupcake",
            "Android 1.6 Donut", "Android 2.0/2.01/2.1 Eclair",
            "Android 2.2 Froyo", "Android 2.3 Gingerbread",
            "Android 3.0-3.2 Honeycomb", "Android 4.0 IceCream Sandwich"};
    private String[] names = new String[]{"纸杯蛋糕", "甜甜圈", "闪电泡芙",
            "冻酸奶", "姜饼", "蜂巢", "冰激凌三明治"};
    private int[] imgIds = new int[]{R.mipmap.head_icon1, R.mipmap.head_icon2,
            R.mipmap.head_icon3, R.mipmap.head_icon4, R.mipmap.head_icon5,
            R.mipmap.head_icon6, R.mipmap.head_icon7};

    @Override
    protected void onCreate(Bundle savedInstanceState) {
        super.onCreate(savedInstanceState);
        setContentView(R.layout.activity_main);

        List<Map<String, Object>> listitem = new ArrayList<Map<String, Object>>();
        for (int i = 0; i < versions.length; i++) {
            Map<String, Object> showitem = new HashMap<String, Object>();
            showitem.put("imgtou", imgIds[i]);
            showitem.put("versions", versions[i]);
            showitem.put("names", names[i]);
            listitem.add(showitem);
```

```
            }

            //创建一个 simpleAdapter
            SimpleAdapter myAdapter = new SimpleAdapter(getApplicationContext(), listitem,
R.layout.list_item, new String[]{"imgtou", "versions", "names"}, new int[]{R.id.imgtou, R.id.versions,
R.id.names});
            ListView listView =findViewById(R.id.listView);
            listView.setAdapter(myAdapter);

        }
    }
```

（6）运行效果，见图 2.5。

图 2.5

5. SimpleCursorAdapter 使用示例

对于不熟悉 SQLite 的初学者来说，用 SimpleCursorAdapter 还是十分方便的。下面介绍如何使用 SimpleCursorAdapter 将手机通讯录中联系人的信息显示到 ListView 上。

（1）新建一个 module，命名为 SimpleCursorAdapterDemo。

（2）新建一个自定义布局文件 list_item.xml。

```
<?xml version="1.0" encoding="utf-8"?>
<LinearLayout
    xmlns:android="http://schemas.android.com/apk/res/android"
```

```
    android:layout_width="match_parent"
    android:layout_height="match_parent"
    android:orientation="horizontal">

  <TextView
        android:id="@+id/list_name"
        android:layout_width="0dp"
        android:layout_height="64dp"
        android:layout_weight="1"
        android:gravity="center"
        android:text=""
        android:textColor="#0000FF"
        android:textSize="18sp" />

  <TextView
        android:id="@+id/list_phone"
        android:layout_width="0dp"
        android:layout_height="64dp"
        android:layout_weight="1"
        android:gravity="center"
        android:text=""
        android:textColor="#EA5C4D"
        android:textSize="18sp" />

</LinearLayout>
```

（3）在 AndroidManifest.xml 里增加读取联系人的权限。

```
<uses-permissionandroid:name="android.permission.READ_CONTACTS"/>
```

（4）布局文件 activity_main.xml。

```
<?xml version="1.0" encoding="utf-8"?>
<LinearLayout xmlns:android="http://schemas.android.com/apk/res/android"
    xmlns:app="http://schemas.android.com/apk/res-auto"
    xmlns:tools="http://schemas.android.com/tools"
    android:layout_width="match_parent"
    android:layout_height="match_parent"
    android:orientation="vertical"
```

```
    tools:context=".MainActivity">

  <TextView
        android:gravity="center"
        android:layout_width="match_parent"
        android:layout_height="wrap_content"
        android:textSize="30sp"
        android:textColor="#C221A2"
        android:text="电话联系人"
        android:paddingBottom="10dp"/>
  <ListView
        android:id="@+id/listView"
        android:layout_width="match_parent"
        android:layout_height="wrap_content">

  </ListView>

</LinearLayout>
```

（5）MainActivity.java。

```
public class MainActivity extends AppCompatActivity {

    @Override
    protected void onCreate(Bundle savedInstanceState) {
        super.onCreate(savedInstanceState);
        setContentView(R.layout.activity_main);
        requestAllPower();

        ListView listView = findViewById(R.id.listView);
        //读取联系人

        Cursor cursor = getContentResolver().query(ContactsContract.CommonDataKinds.Phone.
CONTENT_URI,
                        null, null, null, null);
        Log.e("aaaa","2222222");
        SimpleCursorAdapter spcAdapter = new SimpleCursorAdapter(this,
                R.layout.list_item,
```

```
                    cursor,
                    new String[]{ContactsContract.CommonDataKinds.Phone.DISPLAY_NAME,
                            ContactsContract.CommonDataKinds.Phone.NUMBER},
                    new int[]{R.id.list_name,R.id.list_phone});

            listView.setAdapter(spcAdapter);
        }

        //App 运行时 API23 之后的系统会要求再次获取权限
        public void requestAllPower(){
            if(ContextCompat.checkSelfPermission(this, Manifest.permission.READ_CONTACTS) !=
                    PackageManager.PERMISSION_GRANTED){
                if(ActivityCompat.shouldShowRequestPermissionRationale(this,Manifest.permission.
READ_CONTACTS)){

                }else {
                    ActivityCompat.requestPermissions(this,new  String[]{Manifest.permission.READ_
CONTACTS},1);
                }
            }
        }
    }
```

（6）运行效果，见图 2.6。

图 2.6

（7）需要注意的几点事项。

① 获取到 Cursor 后直接绑定就可以了，无需使用 SQL 语句。

② SimpleCursorAdapter 已过时，一般的做法是自己重写 BaseAdapter，获取到数据集合后跟对应的控件进行绑定。

③ 使用 SimpleCursorAdapter 时，绑定的数据库表中一定要有 id 这个字段，或者 as id；而且在绑定时取出的数据必须包含这个 id 项，否则，会报以下错误：java.lang. IllegalArgument Exception：column 'id' does not exist**。

2.2 ListView 简单运用

本节引言

上一节主要介绍了 Adapter 适配器的概念，然后学习了 ArrayAdapter、SimpleAdapter 和 SimpleCursorAdapter 这三个简单适配器的使用。本节讲解的是第一个需搭配 Adapter 使用的 UI 控件：ListView。从 Android 5.0 开始，谷歌公司推出了一个用于大量数据展示的新控件 RecylerView，可以用来代替传统的 ListView，处理数据更加强大和灵活。不过 RecyclerView 并不会完全替代 ListView（这点从 ListView 没有被标记为@Deprecated 可以看出），两者的使用场合不一样。

1. 自定义 BaseAdapter 完成数据的绑定

（1）新建一个 module，命名为 BaseAdapterDemo。

（2）新建一个自定义布局文件 list_item.xml。

```
<?xml version="1.0" encoding="utf-8"?>
<LinearLayout xmlns:android="http://schemas.android.com/apk/res/android"
    android:layout_width="match_parent"
    android:layout_height="match_parent"
    xmlns:app="http://schemas.android.com/apk/res-auto"
    android:orientation="horizontal">
    <!-- 定义一个用于显示头像的 ImageView -->
    <ImageView
        android:id="@+id/imgView"
        android:layout_width="64dp"
        android:layout_height="64dp"
        />
```

```
    <!-- 定义一个文本框显示文本 -->
    <TextView
        android:id="@+id/versions"
        android:layout_width="wrap_content"
        android:layout_height="wrap_content"
        android:layout_weight="1"
        android:paddingLeft="8dp"
        android:textColor="#FF5722"
        android:textSize="20sp" />

</LinearLayout>
```

（3）收集 8 个头像图片导入至 drawable 文件夹下，见图 2.7。

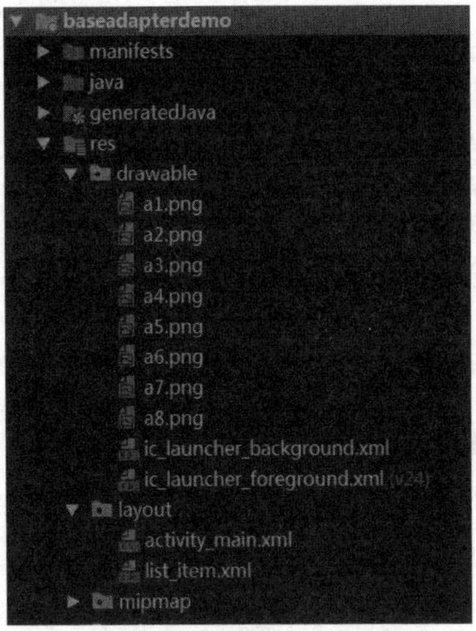

图 2.7

（4）新建一个类 AndroidBean，用于设置 ListView 中的加载项。

```
public class AndroidBean {
    private String name;
    private int aIcon;

    public AndroidBean() {
    }

    public AndroidBean(String name, int aIcon) {
        this.name = name;
```

```java
            this.aIcon = aIcon;
        }

        public String getName() {
            return name;
        }

        public void setName(String name) {
            this.name = name;
        }

        public int getaIcon() {
            return aIcon;
        }

        public void setaIcon(int aIcon) {
            this.aIcon = aIcon;
        }
    }
```

（5）布局文件 activity_main.xml。

```xml
<?xml version="1.0" encoding="utf-8"?>
<LinearLayout xmlns:android="http://schemas.android.com/apk/res/android"
    xmlns:app="http://schemas.android.com/apk/res-auto"
    xmlns:tools="http://schemas.android.com/tools"
    android:layout_width="match_parent"
    android:layout_height="match_parent"
    android:orientation="vertical"
    tools:context=".MainActivity">

  <ListView
        android:layout_width="match_parent"
        android:layout_height="match_parent"
        android:id="@+id/listView">
  </ListView>

</LinearLayout>
```

（6）MainActivity.java。

```
public class MainActivity extends AppCompatActivity {
    ArrayList<AndroidBean> list;
    ListView listView;

    @Override
    protected void onCreate(Bundle savedInstanceState) {
        super.onCreate(savedInstanceState);
        setContentView(R.layout.activity_main);
        list=new ArrayList<>();
        //数据初始化
        init();
        ListView = findViewById(R.id.listView);
        MyAdapter myAdapter = new MyAdapter();
        //数据绑定
        listView.setAdapter(myAdapter);
    }

    //自定义 Adapter 继承自 BaseAdapter
    class MyAdapter extends BaseAdapter {
        //对应的 AdapterView 中的元素个数
        @Override
        public int getCount() {
            return list.size();
        }
        //获得相应位置的数据对象
        @Override
        public Object getItem(int position) {
            return list.get(position);
        }
        //获得对应位置的 item 的 id
        @Override
        public long getItemId(int position) {
            return position;
        }
        //生成指定位置的选项的 View，并关联对应位置的数据
```

```
            @Override
            public View getView(int position, View convertView, ViewGroup parent) {
                View view=getLayoutInflater().inflate(R.layout.list_item,parent,false);
                AndroidBean bean = list.get(position);
                ImageView imageView = view.findViewById(R.id.imgView);
                TextView textView = view.findViewById(R.id.versions);
                imageView.setImageResource(bean.getaIcon());
                textView.setText(bean.getName());
                return view;
            }
        }

        private void init(){
            AndroidBean bean1=new AndroidBean("Android 4.0 IceCream Sandwich (冰激凌三明治)",R.drawable.a1);
            list.add(bean1);
            AndroidBean bean2=new AndroidBean("Android 4.1-4.3 JellyBean （软糖豆）",R.drawable.a2);
            list.add(bean2);
            AndroidBean bean3=new AndroidBean("Android 4.4 KitKat (雀巢奇巧巧克力)",R.drawable.a3);
            list.add(bean3);
            AndroidBean bean4=new AndroidBean("Android 5.0/5.1 Lollipop (棒棒糖)",R.drawable.a4);
            list.add(bean4);
            AndroidBean bean5=new AndroidBean("Android 6.0 Marshmallow （棉花糖）",R.drawable.a5);
            list.add(bean5);
            AndroidBean bean6=new AndroidBean("Android 7.0 Nougat (牛轧糖 )",R.drawable.a6);
            list.add(bean6);
            AndroidBean bean7=new AndroidBean("Android 8.0 Oreo（ 奥利奥 ）",R.drawable.a7);
            list.add(bean7);
            AndroidBean bean8=new AndroidBean("Android 9.0 Pie（ 馅饼 ）",R.drawable.a8);
            list.add(bean8);
        }
    }
```

（7）运行效果，见图 2.8。

图 2.8

2. ListView 模板参数案例

（1）新建一个 module，命名为 ListViewModeDemo。

（2）资源文件 strings.xml。

```
<resources>
    <string name="app_name">ListViewModeDemo</string>
    <string-array name="cities" >
        <item>北京</item>
        <item>上海</item>
        <item>哈尔滨</item>
        <item>襄阳</item>
        <item>乌鲁木齐</item>
        <item>南京</item>
        <item>武汉</item>
        <item>青岛</item>
        <item>桂林</item>
        <item>敦煌</item>
        <item>巴彦淖尔</item>
        <item>潍坊</item>
```

```
        <item>台北</item>
        <item>三亚</item>
    </string-array>
</resources>
```

（3）布局文件 activity_main.xml。

```
<?xml version="1.0" encoding="utf-8"?>
<LinearLayout xmlns:android="http://schemas.android.com/apk/res/android"
    xmlns:app="http://schemas.android.com/apk/res-auto"
    xmlns:tools="http://schemas.android.com/tools"
    android:layout_width="match_parent"
    android:layout_height="match_parent"
    android:orientation="vertical"
    tools:context=".MainActivity">

  <ListView
        android:id="@+id/listView"
        android:layout_width="match_parent"
        android:layout_height="match_parent">
  </ListView>

</LinearLayout>
```

（4）单选模式 MainActivity.java。

```
public class MainActivity extends AppCompatActivity {
    ListView listView;
    String[] strings;

    @Override
    protected void onCreate(Bundle savedInstanceState) {
        super.onCreate(savedInstanceState);
        setContentView(R.layout.activity_main);
        listView=findViewById(R.id.listView);
        strings=getResources().getStringArray(R.array.cities);
        ArrayAdapter<String> adapter = new ArrayAdapter<String>(this,
                android.R.layout.select_dialog_singlechoice,strings);
        //需要对和显示模式对应的选择模式进行设置，如果不设置，点击按钮无反应
```

```
            listView.setChoiceMode(AbsListView.CHOICE_MODE_SINGLE);
            listView.setAdapter(adapter);
        }
}
```

（5）运行效果，见图 2.9。

图 2.9

（6）多选模式 MainActivity.java。

```
public class MainActivity extends AppCompatActivity {
        ListView listView;
        String[] strings;

        @Override
        protected void onCreate(Bundle savedInstanceState) {
                super.onCreate(savedInstanceState);
                setContentView(R.layout.activity_main);
                listView=findViewById(R.id.listView);
                strings=getResources().getStringArray(R.array.cities);
                ArrayAdapter<String> adapter = new ArrayAdapter<String>(this,
                                android.R.layout.simple_list_item_multiple_choice,strings);
                //需要对和显示模式对应的选择模式进行设置，如果不设置，点击按钮无反应
                listView.setChoiceMode(AbsListView.CHOICE_MODE_MULTIPLE);
```

```
        listView.setAdapter(adapter);
    }
}
```

（7）运行效果，见图 2.10。

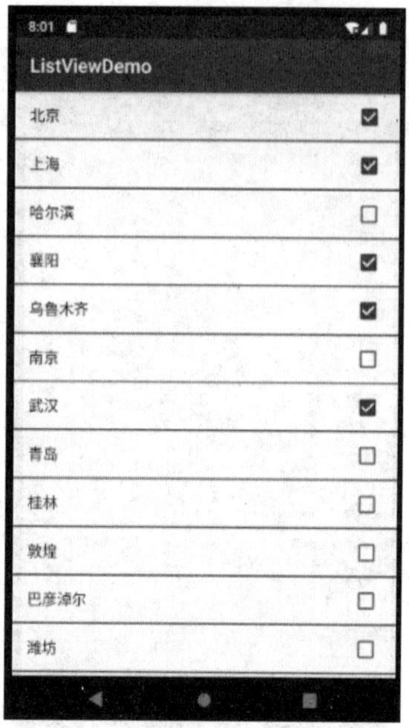

图 2.10

（8）单选模式获取选中的 item，修改布局文件 activity_main.xml。

```
<?xml version="1.0" encoding="utf-8"?>
<LinearLayout xmlns:android="http://schemas.android.com/apk/res/android"
    xmlns:app="http://schemas.android.com/apk/res-auto"
    xmlns:tools="http://schemas.android.com/tools"
    android:layout_width="match_parent"
    android:layout_height="match_parent"
    android:orientation="vertical"
    tools:context=".MainActivity">
    <Button
        android:id="@+id/botton"
        android:text="确定"
        android:onClick="getValue"
        android:layout_width="match_parent"
        android:layout_height="wrap_content" />
```

```
    <ListView
        android:id="@+id/listView"
        android:layout_width="match_parent"
        android:layout_height="match_parent">
    </ListView>

</LinearLayout>
```

（9）修改相应的单选模式 MainActivity.java。

```
public class MainActivity extends AppCompatActivity {
    ListView listView;
    String[] strings;
    int index;

    @Override
    protected void onCreate(Bundle savedInstanceState) {
        super.onCreate(savedInstanceState);
        setContentView(R.layout.activity_main);
        listView=findViewById(R.id.listView);
        strings=getResources().getStringArray(R.array.cities);
        ArrayAdapter<String> adapter = new ArrayAdapter<String>(this,
                android.R.layout.select_dialog_singlechoice,strings);
        //需要对和显示模式对应的选择模式进行设置，如果不设置，点击单选按钮无反应
        listView.setChoiceMode(AbsListView.CHOICE_MODE_SINGLE);
        listView.setAdapter(adapter);
        listView.setOnItemClickListener(new AdapterView.OnItemClickListener() {
            @Override
            public void onItemClick(AdapterView<?> parent, View view, int position, long id) {
                index=position;
            }
        });
    }

    public void getValue(View view) {
        Toast.makeText(this, ""+strings[index], Toast.LENGTH_SHORT).show();
    }
}
```

（10）运行效果，见图 2.11。

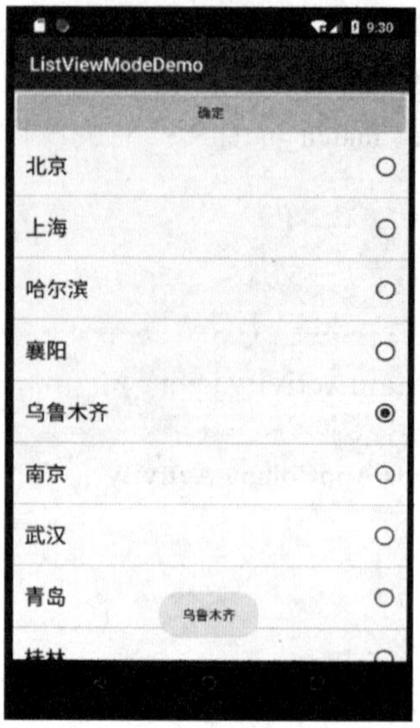

图 2.11

（11）更加直接的方法是不需要在 listView 上设置监听，直接使用 getCheckedItemPosition()方法获得选中项目的索引，修改相应的单选模式 MainActivity.java。

```
public class MainActivity extends AppCompatActivity {
    ListView listView;
    String[] strings;
    int index;

    @Override
    protected void onCreate(Bundle savedInstanceState) {
        super.onCreate(savedInstanceState);
        setContentView(R.layout.activity_main);
        listView=findViewById(R.id.listView);
        strings=getResources().getStringArray(R.array.cities);
        ArrayAdapter<String> adapter = new ArrayAdapter<String>(this,
                android.R.layout.select_dialog_singlechoice,strings);
        //需要对和显示模式对应的选择模式进行设置，如果不设置，点击单选按钮无反应
        listView.setChoiceMode(AbsListView.CHOICE_MODE_SINGLE);
        listView.setAdapter(adapter);

    public void getValue(View view) {
        index=listView.getCheckedItemPosition();
```

```
            Toast.makeText(this, ""+strings[index], Toast.LENGTH_SHORT).show();
        }
    }
```

（12）对于多选模式，修改相应的多选模式 MainActivity.java。

```
public class MainActivity extends AppCompatActivity {
    ListView listView;
    String[] strings;
    String str ="";
    SparseBooleanArray idx=null;

    @Override
    protected void onCreate(Bundle savedInstanceState) {
        super.onCreate(savedInstanceState);
        setContentView(R.layout.activity_main);
        listView=findViewById(R.id.listView);
        strings=getResources().getStringArray(R.array.cities);
        ArrayAdapter<String> adapter = new ArrayAdapter<String>(this,
                android.R.layout.simple_list_item_multiple_choice,strings);
        //需要对和显示模式对应的选择模式进行设置，如果不设置，点击单选按钮无反应
        listView.setChoiceMode(AbsListView.CHOICE_MODE_MULTIPLE);
        listView.setAdapter(adapter);
    }

    public void getValue(View view) {
        idx=listView.getCheckedItemPositions();
        for (int x = 0; x < idx.size(); x++) {
            int key = idx.keyAt(x);
            boolean b = idx.get(key);
            if (b) {
                str += strings[key];
                str += ";";
            }
        }
        Toast.makeText(this, str, Toast.LENGTH_SHORT).show();
    }
}
```

（13）运行效果，见图 2.12。

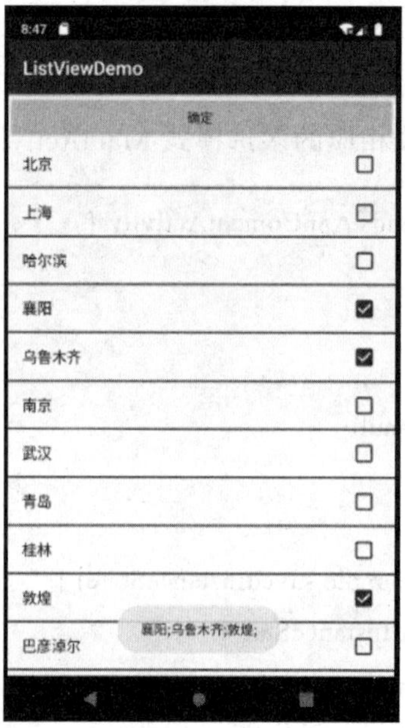

图 2.12

3. 表头表尾分割线的设置

ListView 作为一个列表控件，它和普通的列表一样，可以自己设置表头与表尾以及分割线，可供用户设置的属性如下：

footerDividersEnabled：是否在 footerView（表尾）前绘制一个分隔条，默认为 true；

headerDividersEnabled：是否在 headerView（表头）前绘制一个分隔条，默认为 true；

divider：设置分隔条，可以用颜色分割，也可以用 drawable 资源分割；

dividerHeight：设置分隔条的高度。

没有直接设置 ListView 表头或者表尾的属性，只能在 Java 中通过编写代码进行设置，可供用户调用的方法如下：

addHeaderView（View v）：添加 headView（表头），括号中的参数是一个 View 对象；

addFooterView（View v）：添加 footerView（表尾），括号中的参数是一个 View 对象；

addHeaderView（headView，null，false）：和前面的区别是设置 Header 是否可以被选中；

addFooterView（View，view，false）：同上。

使用 addHeaderView 方法必须放在 listview.setAdapter 前面，否则会报错。

使用示例：

（1）在上一案例的基础上，新建一个表头布局文件 view_header.xml。

```
<?xml version="1.0" encoding="utf-8"?>
<LinearLayout
```

```
    xmlns:android="http://schemas.android.com/apk/res/android"
    android:layout_width="match_parent"
    android:layout_height="match_parent"
    android:orientation="vertical"
    android:gravity="center"
>
<TextView
        android:layout_width="match_parent"
        android:layout_height="48dp"
        android:textSize="18sp"
        android:text="表头"
        android:gravity="center"
        android:background="#FFC107"
        android:textColor="#FFFFFF"/>
</LinearLayout>
```

（2）新建一个表尾布局文件 view_footer.xml。

```
<?xml version="1.0" encoding="utf-8"?>
<LinearLayout
    xmlns:android="http://schemas.android.com/apk/res/android"
    android:layout_width="match_parent"
    android:layout_height="match_parent"
    android:orientation="vertical"
    android:gravity="center">
<TextView
        android:layout_width="match_parent"
        android:layout_height="48dp"
        android:textSize="18sp"
        android:text="表尾"
        android:gravity="center"
        android:background="#E40972"
        android:textColor="#FFFFFF"/>
</LinearLayout>
```

（3）MainActivity.java。

```
public class MainActivity extends AppCompatActivity implements AdapterView.OnItemClickListener {
    ArrayList<AndroidBean> list;
    ListView listView;
```

```
@Override
protected void onCreate(Bundle savedInstanceState) {
    super.onCreate(savedInstanceState);
    setContentView(R.layout.activity_main);
    //动态加载顶部 View 和底部 View
    final LayoutInflater inflater = LayoutInflater.from(this);
    View headView = inflater.inflate(R.layout.view_header, null, false);
    View footView = inflater.inflate(R.layout.view_footer, null, false);
    list=new ArrayList<>();
    //数据初始化
    init();
    listView = findViewById(R.id.listView);
    MyAdapter myAdapter = new MyAdapter();
    //添加表头和表尾需要写在 setAdapter 方法调用之前
    listView.addHeaderView(headView);
    listView.addFooterView(footView);
    //数据绑定
    listView.setAdapter(myAdapter);
    listView.setOnItemClickListener(this);
}

@Override
public void onItemClick(AdapterView<?> parent, View view, int position, long id) {
    Toast.makeText(this, "你点击了第"+position+"项", Toast.LENGTH_SHORT).show();
}

//自定义 Adapter 继承自 BaseAdapter
class MyAdapter extends BaseAdapter {
    //对应的 AdapterView 中的元素个数
    @Override
    public int getCount() {
        return list.size();
    }
    //获得相应位置的数据对象
    @Override
    public Object getItem(int position) {
```

```
            return list.get(position);
        }
        //获得对应位置的 item 的 id
        @Override
        public long getItemId(int position) {
            return position;
        }
        //生成指定位置的选项的 View，并关联对应位置的数据
        @Override
        public View getView(int position, View convertView, ViewGroup parent) {
            View view=getLayoutInflater().inflate(R.layout.list_item,parent,false);
            AndroidBean bean = list.get(position);
            ImageView imageView = view.findViewById(R.id.imgView);
            TextView textView = view.findViewById(R.id.versions);
            imageView.setImageResource(bean.getaIcon());
            textView.setText(bean.getName());
            return view;
        }
    }

    private void init(){
        AndroidBean bean1=new AndroidBean("Android 4.0 IceCream Sandwich（冰激凌三明治）", R.drawable.a1);
        list.add(bean1);
        AndroidBean bean2=new AndroidBean("Android 4.1-4.3 Jelly Bean（软糖豆）", R.drawable.a2);
        list.add(bean2);
        AndroidBean bean3=new AndroidBean("Android 4.4 KitKat（雀巢奇巧巧克力）", R.drawable.a3);
        list.add(bean3);
        AndroidBean bean4=new AndroidBean("Android 5.0/5.1 Lollipop（棒棒糖）", R.drawable.a4);
        list.add(bean4);
        AndroidBean bean5=new AndroidBean("Android 6.0 Marshmallow（棉花糖）", R.drawable.a5);
        list.add(bean5);
    }
}
```

（4）运行效果，见图 2.13。

图 2.13

注意：添加表头表尾后，positon 是从表头开始算的，即用户添加的第一个数据本来的 postion 是 0，但是此时却变成了 1。

4. 列表从底部开始显示

如果用户想让列表显示最底部的内容，可使用这个属性，将 stackFromBottom 属性设置为 true。

5. 设置点击颜色

若用户为 ListView 设置了一个图片作为 Background 的话，在拖动或者点击 listView 空白位置时会发现 item 都变成了黑色，这时用户可通过 cacheColorHint 将颜色设置为透明：#00000000。

6. 隐藏滑动条

用户可以通过设置：android：scrollbars="none" 或者 setVerticalScrollBarEnabled（true）来解决滑动条隐藏的问题。

2.3 BaseAdapter 的优化

本节引言

在上一节已经学习了如何使用 ListView 以及自定义一个简单的 BaseAdapter，从代码中可以看出两个比较重要的方法是：getCount()和 getView()。界面上有多少列就会调用多少次 getView，这个时候可看出一些端倪，每次都是新 inflate 一个 View，都要进行这个 Xml 的解析，这样会很浪费资源，当然，几十列或者几百列的列表并不能体现什么问题，但假如更多或者布局更加复杂呢？所以学习 ListView 的优化很重要，而本节主要介绍的是 BaseAdapter 的优化，优化有复用 ConvertView 以及使用 ViewHolder 重用组件两种方法，不用每次都 findViewById。

1. 复用 ConvertView

前面已介绍，界面上有多少个 Item，那么 getView 方法就会被调用多少次。先来看上一节写的 getView()部分代码：

```
//生成指定位置的选项的 View，并关联对应位置的数据
        @Override
        public View getView(int position, View convertView, ViewGroup parent) {
            View view=getLayoutInflater().inflate(R.layout.list_item,parent,false);
            AndroidBean bean = list.get(position);
            ImageView imageView = view.findViewById(R.id.imgView);
            TextView textView = view.findViewById(R.id.versions);
            imageView.setImageResource(bean.getaIcon());
            textView.setText(bean.getName());
            return view;
        }
```

inflate()每次都要加载一次 Xml，其实该方法的参数中有个 convertView，这是系统提供给用户可供复用的 View 缓存对象，修改优化后的代码如下：

```
//生成指定位置的选项的 View，并关联对应位置的数据
@Override
public View getView(int position, View convertView, ViewGroup parent) {
    if(convertView==null){//如果回收站里没有可用的别的选项放弃的 convertView，则创建
一个新的
        convertView=getLayoutInflater().inflate(R.layout.list_item,parent,false);
```

```
        }
        //如果回收站里传过来一个别的选项放弃的 convertView，则直接使用
        AndroidBean bean = list.get(position);
        ImageView imageView = convertView.findViewById(R.id.imgView);
        TextView textView = convertView.findViewById(R.id.versions);
        imageView.setImageResource(bean.getaIcon());
        textView.setText(bean.getName());
        return convertView;
    }
```

2. ViewHolder 重用组件

getView()会被调用多次，那么 findViewById 一样需调用多次，而 ListView 的 Item 一般都是同样的布局，因此可再进行优化，用户可以自己定义一个 ViewHolder 类来对这部分性能进行优化，修改优化后的代码如下：

```
    //生成指定位置的选项的 View，并关联对应位置的数据
    @Override
    public View getView(int position, View convertView, ViewGroup parent) {
        ViewHolder viewHolder=null;
        if(convertView==null){//如果回收站里没有可用的别的选项放弃的 convertView，则创建一
个新的
            convertView=getLayoutInflater().inflate(R.layout.list_item,parent,false);
            ImageView imageView = convertView.findViewById(R.id.imgView);
            TextView textView = convertView.findViewById(R.id.versions);
            viewHolder.imageView=imageView;
            viewHolder.textView=textView;
            convertView.setTag(viewHolder);
        }
        //如果回收站里传过来一个别的选项放弃的 convertView，则直接使用
        viewHolder= (ViewHolder) convertView.getTag();
        AndroidBean bean = list.get(position);
        viewHolder.imageView.setImageResource(bean.getaIcon());
        viewHolder.textView.setText(bean.getName());
        return convertView;
    }
    class ViewHolder{
        ImageView imageView;
        TextView textView;
    }
```

因比较简单，以后 BaseAdapter 照着这个模板编写代码即可。如果需要在多个地方使用这个 ViewHolder 对象，可以把该类定义成静态。

2.4 ListView 的数据更新问题

本节引言

前面已经学习了 ListView 的一些基本用法，但是细心的用户可能会发现，数据一开始是定义好的，都是静态的，但在实际开发中，数据往往都是动态变化的。比如用户增删改了某一列，那么列表显示的数据也应该同步地进行更新。本节我们就来探讨下 ListView 数据更新的问题，包括全部更新和其中一项的更新（部分更新）。

1. 先实现一个正常的 ListView

（1）新建一个 module，命名为 ListViewUpdataDemo。

（2）新建一个自定义布局文件 list_item.xml。

```
<?xml version="1.0" encoding="utf-8"?>
<LinearLayout xmlns:android="http://schemas.android.com/apk/res/android"
    android:layout_width="match_parent"
    android:layout_height="match_parent"
    xmlns:app="http://schemas.android.com/apk/res-auto"
    android:orientation="horizontal">
    <!-- 定义一个用于显示头像的 ImageView -->
    <ImageView
        android:id="@+id/imgView"
        android:layout_width="64dp"
        android:layout_height="64dp"
        />

    <!-- 定义一个文本框显示文本 -->
    <TextView
        android:id="@+id/versions"
        android:layout_width="wrap_content"
        android:layout_height="wrap_content"
        android:layout_weight="1"
```

```
            android:paddingLeft="8dp"
            android:textColor="#FF5722"
            android:textSize="20sp" />

</LinearLayout>
```

（3）收集 8 个头像图片，并导入至 drawable 文件夹。

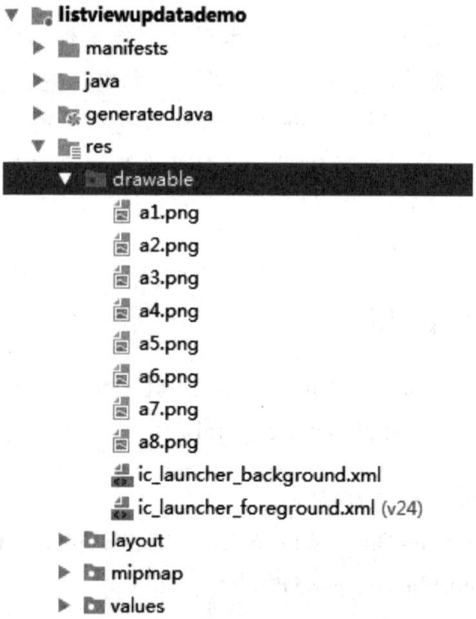

（4）新建一个类 AndroidBean，用于设置 Listview 中的加载项。

```
Public class AndroidBean {
    private String name;
    private int aIcon;

    public AndroidBean() {
    }

    public AndroidBean(String name, int aIcon) {
        this.name = name;
        this.aIcon = aIcon;
    }

    public String getName() {
        return name;
```

```
    }

    public void setName(String name) {
        this.name = name;
    }

    public int getaIcon() {
        return aIcon;
    }

    public void setaIcon(int aIcon) {
        this.aIcon = aIcon;
    }
}
```

（5）布局文件 activity_main.xml。

```
<?xml version="1.0" encoding="utf-8"?>
<LinearLayout xmlns:android="http://schemas.android.com/apk/res/android"
    xmlns:app="http://schemas.android.com/apk/res-auto"
    xmlns:tools="http://schemas.android.com/tools"
    android:layout_width="match_parent"
    android:layout_height="match_parent"
    android:orientation="vertical"
    tools:context=".MainActivity">

    <ListView
        android:layout_width="match_parent"
        android:layout_height="match_parent"
        android:id="@+id/listView">
    </ListView>

</LinearLayout>
```

（6）MainActivity.java。

```
public class MainActivity extends AppCompatActivity implements AdapterView.OnItemClickListener {
    ArrayList<AndroidBean> list;
    ListView listView;
```

```
@Override
protected void onCreate(Bundle savedInstanceState) {
    super.onCreate(savedInstanceState);
    setContentView(R.layout.activity_main);
    list=new ArrayList<>();
    //数据初始化
    init();
    listView = findViewById(R.id.listView);
    MyAdapter myAdapter = new MyAdapter();
    //数据绑定
    listView.setAdapter(myAdapter);
    listView.setOnItemClickListener(this);
}

@Override
public void onItemClick(AdapterView<?> parent, View view, int position, long id) {
    AndroidBean bean = list.get(position);
    Toast.makeText(this, bean.getName(), Toast.LENGTH_SHORT).show();
}

//自定义 Adapter 继承自 BaseAdapter
class MyAdapter extends BaseAdapter {
    //对应的 AdapterView 中的元素个数
    @Override
    public int getCount() {
        return list.size();
    }
    //获得相应位置的数据对象
    @Override
    public Object getItem(int position) {
        return list.get(position);
    }
    //获得对应位置的 item 的 id
    @Override
    public long getItemId(int position) {
        return position;
```

```
        }
        //生成指定位置的选项的 View，并关联对应位置的数据
        @Override
        public View getView(int position, View convertView, ViewGroup parent) {
            ViewHolder viewHolder=null;
            if(convertView==null){//如果回收站里没有可用的别的选项放弃的 convertView，
则创建一个新的
                convertView=getLayoutInflater().inflate(R.layout.list_item,parent,false);
                ImageView imageView = convertView.findViewById(R.id.imgView);
                TextView textView = convertView.findViewById(R.id.versions);
                viewHolder=new ViewHolder();
                viewHolder.imageView=imageView;
                viewHolder.textView=textView;
                convertView.setTag(viewHolder);
            }
            //如果回收站里传过来一个别的选项放弃的 convertView，则直接使用
            viewHolder= (ViewHolder) convertView.getTag();
            AndroidBean bean = list.get(position);

            viewHolder.imageView.setImageResource(bean.getaIcon());
            viewHolder.textView.setText(bean.getName());
            return convertView;
        }
    }

    class ViewHolder{
        ImageView imageView;
        TextView textView;
    }

    private void init(){
        AndroidBean bean1=new AndroidBean("Android 4.0 IceCream Sandwich（冰激凌三
明治）",R.drawable.a1);
        list.add(bean1);
        AndroidBean bean2=new AndroidBean("Android 4.1-4.3 Jelly Bean（软糖豆）",
R.drawable.a2);
        list.add(bean2);
```

```
            AndroidBean bean3=new AndroidBean("Android 4.4 KitKat ( 雀巢奇巧巧克力 )",
R.drawable.a3);
            list.add(bean3);
            AndroidBean bean4=new AndroidBean("Android 5.0/5.1 Lollipop ( 棒棒糖 )",
R.drawable.a4);
            list.add(bean4);
            AndroidBean bean5=new AndroidBean("Android 6.0 Marshmallow ( 棉花糖 )",
R.drawable.a5);
            list.add(bean5);
        }
    }
```

（7）运行效果，见图 2.14。

图 2.14

2. 添加一条记录

（1）布局文件增加一个按钮 activity_main.xml。

```
<?xml version="1.0" encoding="utf-8"?>
<LinearLayout xmlns:android="http://schemas.android.com/apk/res/android"
    xmlns:app="http://schemas.android.com/apk/res-auto"
    xmlns:tools="http://schemas.android.com/tools"
    android:layout_width="match_parent"
    android:layout_height="match_parent"
```

```
    android:orientation="vertical"
    tools:context=".MainActivity">

    <Button
        android:text="增加一条数据"
        android:onClick="addData"
        android:layout_width="match_parent"
        android:layout_height="wrap_content" />
    <ListView
        android:id="@+id/listView"
        android:layout_width="match_parent"
        android:layout_height="match_parent">
    </ListView>

</LinearLayout>
```

（2）MainActivity.java 中 addData 方法代码如下：

```
public void addData(View view) {
        AndroidBean bean6 = new AndroidBean("Android 7.0 Nougat（ 牛轧糖 ）", R.drawable.a6);
        //在 ListView 的末尾增加一条数据
        list.add(bean6);
        myAdapter.notifyDataSetChanged();
}
```

（3）运行效果，见图 2.15。

图 2.15

（4）如果在指定位置插入一条数据，MainActivity.java 中 addData 方法代码如下：

```
public void addData(View view) {
        AndroidBean bean6 = new AndroidBean("Android 7.0 Nougat（ 牛轧糖 ）", R.drawable.a6);
        //在尾标为 1 的数据后面插入一条新数据
        list.add(1,bean6);
        myAdapter.notifyDataSetChanged();
    }
```

（5）运行效果，见图 2.16。

图 2.16

3. 删除某一项

（1）布局文件增加一个按钮 activity_main.xml。

```
<?xml version="1.0" encoding="utf-8"?>
<LinearLayout xmlns:android="http://schemas.android.com/apk/res/android"
    xmlns:app="http://schemas.android.com/apk/res-auto"
    xmlns:tools="http://schemas.android.com/tools"
    android:layout_width="match_parent"
    android:layout_height="match_parent"
    android:orientation="vertical"
    tools:context=".MainActivity">

    <Button
```

```
        android:text="增加一条数据"
        android:onClick="addData"
        android:layout_width="match_parent"
        android:layout_height="wrap_content" />
    <Button
        android:text="删除尾标为 1 的数据"
        android:onClick="deleteData"
        android:layout_width="match_parent"
        android:layout_height="wrap_content" />
    <ListView
        android:id="@+id/listView"
        android:layout_width="match_parent"
        android:layout_height="match_parent">
    </ListView>

</LinearLayout>
```

（2）MainActivity.java 中 deleteData 方法代码如下：

```
public void deleteData(View view) {
        list.remove(1);
        myAdapter.notifyDataSetChanged();
}
```

（3）运行效果，见图 2.17。

图 2.17

（4）在 MainActivity.java 中的 onCreate()方法中增加一个 item 的长按事件监听，通过长按某个 item 删除它，相关代码如下：

```
@Override
    protected void onCreate(Bundle savedInstanceState) {
        super.onCreate(savedInstanceState);
        setContentView(R.layout.activity_main);
        ...
        listView.setOnItemLongClickListener(this);
        ...
    }
```

长按 item 事件处理代码如下：

```
@Override
    public boolean onItemLongClick(AdapterView<?> parent, View view, int position, long id) {
        list.remove(position);
        myAdapter.notifyDataSetChanged();
        return true;
}
```

（5）运行效果，见图 2.18。

图 2.18

4. 移除所有的记录

方法比较简单，直接调用 clear 方法即可，方法代码如下：

```
public void clearData(View view) {
        list.clear();
        myAdapter.notifyDataSetChanged();
    }
```

5. 更新某一个记录

notifyDataSetChanged()方法会判断是否需要重新渲染，如果当前 item 没有必要重新渲染是不会重新渲染的。如果某个 Item 的状态发生改变，都会导致 View 的重绘，而重绘的并不是所有的 Item，而是 View 状态发生变化的那个 Item，因此用户可直接运用 notifyDataSetChange()方法即可进行处理。

2.5　GridView（网格视图）的基本使用

本节引言

本节给用户介绍的是第二个 Adapter 类的控件——GridView（网格视图），见名知义，ListView 是列表，GridView 是网格显示。它和 ListView 一样，都是 AbsListView 的子类，诸多属性和 ListView 都是相通的。本节就来学习 GridView 的基本用法。

1. 相关属性

下面是 GridView 中的一些属性：

android：columnWidth：设置列的宽度；

android：gravity：组件对其方式；

android：horizontalSpacing：水平方向每个单元格的间距；

android：verticalSpacing：垂直方向每个单元格的间距；

android：numColumns：设置列数；

android：stretchMode：设置拉伸模式，可选值为 none：不拉伸；spacingWidth：拉伸元素间的间隔空隙；columnWidth：仅仅拉伸表格元素自身；spacingWidthUniform：既拉元素间距又拉伸它们之间的间隔空袭。

2. 使用示例

（1）新建一个 module，命名为 GridViewDemo。

（2）新建一个自定义布局文件 grid_item.xml。

```xml
<?xml version="1.0" encoding="utf-8"?>
<LinearLayout xmlns:android="http://schemas.android.com/apk/res/android"
    android:layout_width="wrap_content"
    android:layout_height="wrap_content"
    xmlns:app="http://schemas.android.com/apk/res-auto"
    android:orientation="vertical">
    <ImageView
        android:id="@+id/imgView"
        android:layout_width="wrap_content"
        android:layout_height="wrap_content"
        app:srcCompat="@mipmap/ic_launcher"
        />
    <TextView
        android:text="TextView"
        android:id="@+id/textView"
        android:layout_gravity="center"
        android:layout_width="wrap_content"
        android:layout_height="wrap_content" />

</LinearLayout>
```

（3）收集 8 个头像图片，并导入至 drawable 文件夹下。

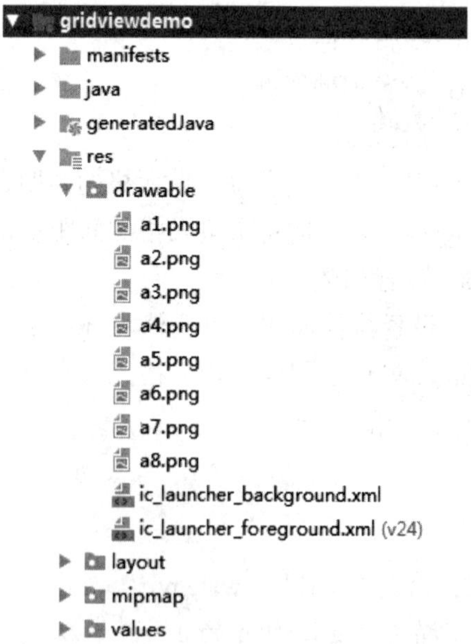

（4）新建一个类 AndroidBean，用于设置 ListView 中的加载项。

```
public class AndroidBean {
    private String name;
    private int aIcon;

    public AndroidBean() {
    }

    public AndroidBean(String name, int aIcon) {
        this.name = name;
        this.aIcon = aIcon;
    }

    public String getName() {
        return name;
    }

    public void setName(String name) {
        this.name = name;
    }

    public int getaIcon() {
        return aIcon;
    }

    public void setaIcon(int aIcon) {
        this.aIcon = aIcon;
    }
}
```

（5）布局文件 activity_main.xml。

```
<?xml version="1.0" encoding="utf-8"?>
<LinearLayout xmlns:android="http://schemas.android.com/apk/res/android"
    xmlns:app="http://schemas.android.com/apk/res-auto"
    xmlns:tools="http://schemas.android.com/tools"
    android:layout_width="match_parent"
```

```
        android:layout_height="match_parent"
        android:orientation="vertical"
        tools:context=".MainActivity">

        <GridView
            android:id="@+id/gridView"
            android:layout_width="match_parent"
            android:layout_height="match_parent"
            android:numColumns="auto_fit"
            android:verticalSpacing="20dp"
            android:horizontalSpacing="20dp"
            android:columnWidth="90dp"
            android:gravity="center"
            android:stretchMode="columnWidth"
            >
        </GridView>
    </LinearLayout>
```

（6）MainActivity.java。

```
public class MainActivity extends AppCompatActivity {
    ArrayList<AndroidBean> list;
    GridView gridView;

    @Override
    protected void onCreate(Bundle savedInstanceState) {
        super.onCreate(savedInstanceState);
        setContentView(R.layout.activity_main);
        list = new ArrayList<>();
        init();
        gridView=findViewById(R.id.gridView);
        GridAdapter gridAdapter = new GridAdapter();
        gridView.setAdapter(gridAdapter);
        //给 GridView 添加点击事件
        gridView.setOnItemClickListener(new AdapterView.OnItemClickListener() {
            @Override
```

```
            public void onItemClick(AdapterView<?> parent, View view, int position, long id) {
                Toast.makeText(getApplicationContext(),"你选择了"+position+"角标处图片",
                        Toast.LENGTH_SHORT).show();
            }
        });
    }

    class GridAdapter extends BaseAdapter{

        @Override
        public int getCount() {
            return list.size();
        }

        @Override
        public Object getItem(int position) {
            return list.get(position);
        }

        @Override
        public long getItemId(int position) {
            return position;
        }

        @Override
        public View getView(int position, View convertView, ViewGroup parent) {
            convertView=getLayoutInflater().inflate(R.layout.grid_item,parent,false);
            ImageView imageView = convertView.findViewById(R.id.imgView);
            TextView textView = convertView.findViewById(R.id.textView);
            AndroidBean bean = list.get(position);
            imageView.setImageResource(bean.getaIcon());
            textView.setText(bean.getName());
            return convertView;
        }
    }
```

```
    private void init(){
        AndroidBean bean1=new AndroidBean("冰激凌三明治",R.drawable.a1);
        list.add(bean1);
        AndroidBean bean2=new AndroidBean("软糖豆",R.drawable.a2);
        list.add(bean2);
        AndroidBean bean3=new AndroidBean("雀巢奇巧巧克力",R.drawable.a3);
        list.add(bean3);
        AndroidBean bean4=new AndroidBean("棒棒糖",R.drawable.a4);
        list.add(bean4);
        AndroidBean bean5=new AndroidBean("棉花糖",R.drawable.a5);
        list.add(bean5);
        AndroidBean bean6=new AndroidBean("牛轧糖",R.drawable.a6);
        list.add(bean6);
        AndroidBean bean7=new AndroidBean("奥利奥",R.drawable.a7);
        list.add(bean7);
        AndroidBean bean8=new AndroidBean("馅饼",R.drawable.a8);
        list.add(bean8);
    }
}
```

（7）运行效果，见图 2.19。

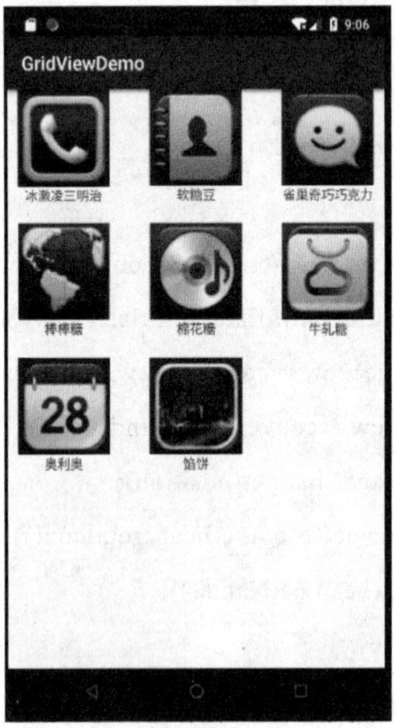

图 2.19

2.6 RecyclerView 的使用

本节引言

RecyclerView 出现已经有一段时间了，相信大家已不会感到不陌生了，大家可以通过导入 support-v7 对其进行使用。据官方的介绍，该控件用于在有限的窗口中展示大量数据集，其实具有这样功能的控件我们并不陌生，例如：ListView、GridView。那么有了 ListView、GridView 为什么还需要 RecyclerView 这样的控件呢？整体上看 RecyclerView 架构提供了一种插拔式的体验，具有高度的解耦与异常的灵活性，通过它提供的 LayoutManager、ItemDecoration、ItemAnimator 可实现令人满意的效果。

用户想要控制 RecyclerView 显示的方式，可通过布局管理器 LayoutManager 完成；

用户想要控制 Item 间的间隔（可绘制），可通过 ItemDecoration 完成；

用户想要控制 Item 增删的动画，可通过 ItemAnimator 完成。

1. RecyclerView 使用注意事项

（1）首先需要导入 RecyclerView。

在 module 的 build.gradle 中的 dependencies {}中添加：

implementation 'com.android.support：recyclerview-v7：28.0.0'

此外，用户需注意版本控制。

（2）在布局文件使用 RecyclerView 布局。

（3）列表子项的布局，一定要注意，最外层的控件高度不是 match_parent，而是子项需要有的高度，否则一个子项就会占据整个屏幕。子项布局里放任何控件都可以，在适配器里面，这些对象都是可以获取的，因此可随便设置。

（4）RecyclerView 的适配器需要重写，可以依照用户自己的需求修改。

（5）Activity 里的代码：使用 RecyclerView 的三部曲：获取 recyclerView 对象、添加布局管理器、添加适配器。适配器要重写，可以事先放入数据，也可以之后添加数据。注意，这里导入包是 import android.support.v7.widget.RecyclerView，不要导入另一个。

2. 使用 RecyclerView 代替 ListView

（1）新建一个 module，命名为 RecyclerViewDemo。

（2）为 RecyclerView 的使用添加依赖：在 module 的 build.gradle 中的 dependencies{}添加：

```
Implementation 'com.android.support:recyclerview-v7:28.0.0'
注意：必须和 implementation 'com.android.support:appcompat-v7:28.0.0'保持版本一致。
dependencies {
    ...
    implementation 'com.android.support:appcompat-v7:28.0.0'
    implementation 'com.android.support:recyclerview-v7:28.0.0'
    ...
}
```

（3）准备 12 个头像图片，并导入至 drawable 文件夹下，见图 2.20。

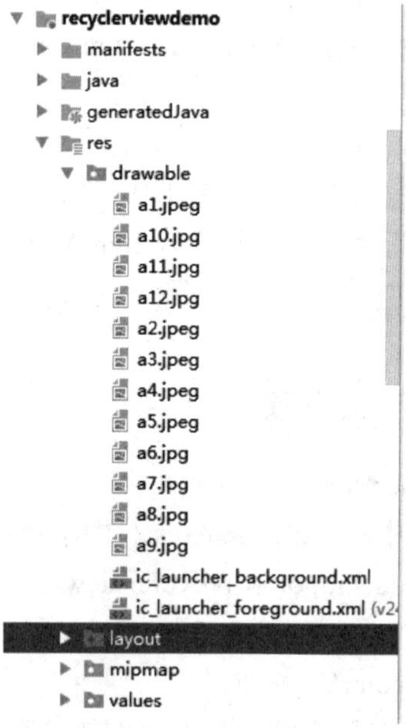

图 2.20

（4）为项目增加相关资源，参考 strings.xml 代码：

```
<resources>
<string name="app_name">RecyclerViewDemo</string>
<string-array name="username">
    <item>张三</item>
    <item>李四</item>
    <item>王五</item>
    <item>赵六</item>
    <item>钱七</item>
    <item>田八</item>
    <item>严九</item>
```

```xml
        <item>贾某如</item>
        <item>何某璐</item>
        <item>刘某蓓</item>
        <item>秦某田</item>
        <item>杨某洋</item>
    </string-array>
    <string-array name="telphone">
        <item>13908288xxx</item>
        <item>13507236xxx</item>
        <item>13908288xxx</item>
        <item>13908288xxx</item>
        <item>13908288xxx</item>
        <item>13908288xxx</item>
        <item>13908288xxx</item>
        <item>13908288xxx</item>
        <item>13908288xxx</item>
        <item>13908288xxx</item>
        <item>13901111xxx</item>
        <item>13901212xxx</item>
    </string-array>
</resources>
```

（5）新建一个自定义布局文件 item_layout.xml。

```xml
<?xml version="1.0" encoding="utf-8"?>
<LinearLayout xmlns:android="http://schemas.android.com/apk/res/android"
    android:layout_width="match_parent"
    android:layout_height="wrap_content"
    android:layout_gravity="center"
    android:gravity="center"
    android:clickable="true"
    android:background="?android:attr/selectableItemBackground"
    android:orientation="horizontal"
    android:padding="10dp">
    <!-- 定义一个用于显示头像的 ImageView -->
    <ImageView
        android:id="@+id/imgView"
        android:layout_width="match_parent"
```

```
            android:layout_height="50dp"
            android:layout_weight=".6"
            android:scaleType="centerInside"
            android:src="@mipmap/ic_launcher"/>
        <LinearLayout
            android:layout_width="match_parent"
            android:layout_height="wrap_content"
            android:layout_gravity="center"
            android:layout_weight=".4"
            android:orientation="vertical">
        <TextView
                android:id="@+id/userName"
                android:layout_width="wrap_content"
                android:layout_height="wrap_content"
                android:text="Name"
                android:textAppearance="?android:attr/textAppearanceLarge"
                />
        <TextView
                android:id="@+id/telphone"
                android:layout_width="wrap_content"
                android:layout_height="wrap_content"
                android:text="Telphone"
                />
        </LinearLayout>
    </LinearLayout>
```

（6）布局文件 activity_main.xml（注意非 android 核心控件的使用方法）。

```
    <?xml version="1.0" encoding="utf-8"?>
    <LinearLayout xmlns:android="http://schemas.android.com/apk/res/android"
        xmlns:app="http://schemas.android.com/apk/res-auto"
        xmlns:tools="http://schemas.android.com/tools"
        android:layout_width="match_parent"
        android:layout_height="match_parent"
        android:orientation="vertical"
        tools:context=".MainActivity">

        <android.support.v7.widget.RecyclerView
```

```
        android:id="@+id/recyclerView"
        android:layout_width="match_parent"
        android:layout_height="match_parent">
    </android.support.v7.widget.RecyclerView>

</LinearLayout>
```

（7）MainActivity.java。

```
public class MainActivity extends AppCompatActivity {
    RecyclerView recyclerView;
    String[] names,tels;
    int[] avatars;

    @Override
    protected void onCreate(Bundle savedInstanceState) {
        super.onCreate(savedInstanceState);
        setContentView(R.layout.activity_main);
        recyclerView=findViewById(R.id.recyclerView);
        names=getResources().getStringArray(R.array.username);
        tels=getResources().getStringArray(R.array.telphone);
        //头像数组
        avatars= new int[]{R.drawable.a1,R.drawable.a2,
                R.drawable.a3,R.drawable.a4,
                R.drawable.a5,R.drawable.a6,
                R.drawable.a7,R.drawable.a8,
                R.drawable.a9,R.drawable.a10,
                R.drawable.a11,R.drawable.a12};
        //设置 RecylerView 的 Layout 模式，设置布局管理器可以灵活改变布局
        //1. 线性布局：默认的布局方向是垂直的，默认滑动方向 flase 是向上或向左，可以
通过第 2、3 参数改变
        //recyclerView.setLayoutManager(new LinearLayoutManager(this));
        //recyclerView.setLayoutManager(new
LinearLayoutManager(this,LinearLayoutManager.VERTICAL,true));
        //2. 网格布局，第 2 个参数为列数
        //recyclerView.setLayoutManager(new GridLayoutManager(this,2));
        //3. 交错网格布局（瀑布流），第 1 个参数为列数
        StaggeredGridLayoutManager    layoutManager=new    StaggeredGridLayoutManager
```

```
(2,StaggeredGridLayoutManager.VERTICAL);
            recyclerView.setLayoutManager(layoutManager);
            recyclerView.setItemAnimator(new DefaultItemAnimator());
            MyAdapter adapter = new MyAdapter();
            recyclerView.setAdapter(adapter);
        }

                //定义内部类 MyAdpater，会导致 item 的监听需要在该类内部处理，不利于
item 事件的灵活处理
        class MyAdapter extends RecyclerView.Adapter<MyAdapter.PersonHoder>{
            @NonNull
            @Override
            public PersonHoder onCreateViewHolder(@NonNull ViewGroup viewGroup, int i) {
                View view=getLayoutInflater().inflate(R.layout.item_layout,viewGroup,false);
                return new PersonHoder(view);
            }
            @Override
            public void onBindViewHolder(@NonNull PersonHoder personHoder, final int i) {
                //对 item 的监听,personHoder 里的 itemView 属性即为每个选项布局的根节点 View
                personHoder.itemView.setOnClickListener(new View.OnClickListener() {
                    @Override
                    public void onClick(View v) {
                        Toast.makeText(MainActivity.this, names[i], Toast.LENGTH_SHORT).show();
                    }
                });
                personHoder.getAvatarView().setImageResource(avatars[i]);
                personHoder.getUserName().setText(names[i]);
                personHoder.getTelphone().setText(tels[i]);
            }
            @Override
            public int getItemCount() {
                return names.length;
            }

            class PersonHoder extends RecyclerView.ViewHolder{
                ImageView avatarView;
                TextView userName;
```

```java
            TextView telphone;

            public ImageView getAvatarView() {
                return avatarView;
            }
            public TextView getUserName() {
                return userName;
            }
            public TextView getTelphone() {
                return telphone;
            }

            public PersonHoder(@NonNull View itemView) {
                super(itemView);
                avatarView =itemView.findViewById(R.id.imgView);
                userName=itemView.findViewById(R.id.userName);
                telphone=itemView.findViewById(R.id.telphone);
            }
        }
    }
}
```

（8）运行效果，见图 2.21。

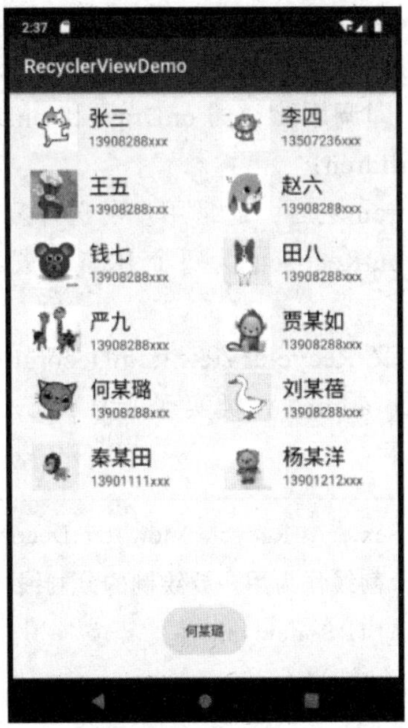

图 2.21

3. 给 RecyclerView 增加分割线

RecyclerView 并没有支持 divider 这样的属性，但是用户可以自己定制分割线，也可以通过 mRecyclerView.addItemDecoration() 方法添加分割线。该方法的参数为 RecyclerView.ItemDecoration，该类为抽象类，官方目前并没有提供默认的实现类。

该类的源代码如下：

```
public static abstract class ItemDecoration {
public void onDraw(Canvas c, RecyclerView parent, State state) {
            onDraw(c, parent);
    }
public void onDrawOver(Canvas c, RecyclerView parent, State state) {
            onDrawOver(c, parent);
    }
public void getItemOffsets(Rect outRect, View view, RecyclerView parent, State state) {
            getItemOffsets(outRect, ((LayoutParams) view.getLayoutParams()).getViewLayoutPosition(),
                parent);
}
@Deprecated
public void getItemOffsets(Rect outRect, int itemPosition, RecyclerView parent) {
            outRect.set(0, 0, 0, 0);
   }
}
```

当用户调用 mRecyclerView.addItemDecoration()方法添加 decoration 的时候，采用 RecyclerView 绘制 decorator，即调用该类的 onDraw 和 onDrawOver 方法。注：

onDraw 方法先于 drawChildren；

onDrawOver 在 drawChildren 之后，通常用户可选择复写其中一个即可；

getItemOffsets 可以通过 outRect.set()为每个 Item 设置一定的偏移量，主要用于绘制 Decorator。

（1）接续上一案例，自定义 RecyclerView.ItemDecoration 的实现类 MyItemDecorator extends RecyclerView.ItemDecoration，该类实现了为 RecyclerView 添加分割线，该类的代码 MyItemDecorator.java 如下：

```
public class MyItemDecorator extends RecyclerView.ItemDecoration {
    //使用系统提供的列表分割线作为用户要绘制的分割线
    private static final int[ ] ATTRS=new int[ ]{
            android.R.attr.listDivider
    };
```

```
    //用于标识水平列表的常量
    public static final int HORIZONTAL_LIST= LinearLayoutManager.HORIZONTAL;
    //用于标识垂直列表的常量
    public static final int VERTICAL_LIST= LinearLayoutManager.VERTICAL;

    //分割线的方向属性，取值为上面 2 个常量之一
    private   int mOrientation;
    private Drawable mDivider;//自己定制的分割线

    public MyItemDecorator(Context context,int orientation) {
        //在自定义 view 的代码中引入自定义属性，context 通过调用 obtainStyledAttributes
方法来获取一个 TypeArray
        // 然后由该 TypeArray 对象来对属性进行设置
        final TypedArray typedArray = context.obtainStyledAttributes(ATTRS);
        mDivider=typedArray.getDrawable(0);
        //调用结束后务必调用 recycle()方法，否则这次的设定会对下次的使用造成影响
        typedArray.recycle();
        setmOrientation(orientation);
    }

    public void setmOrientation(int orientation) {
        if(orientation!=HORIZONTAL_LIST && orientation!=VERTICAL_LIST){
            throw new IllegalArgumentException("invalid orientation");
        }
        this.mOrientation = orientation;
    }

    @Override
    public void getItemOffsets(@NonNull Rect outRect, @NonNull View view,
                               @NonNull RecyclerView parent, @NonNull RecyclerView.State state) {
        if(mOrientation==VERTICAL_LIST){
            //对于垂直列表，只需要指定高度即可
            //getIntrinsicHeight()方法获取图片的固定高度，即没有根据屏幕大小或密度伸
缩的高度
            outRect.set(0,0,0,mDivider.getIntrinsicHeight());
        }else{
            //对于水平列表，只需要指定宽度即可
```

```
                outRect.set(0,0,mDivider.getIntrinsicWidth(),0);
            }
        }

        @Override
        public void onDraw(@NonNull Canvas c, @NonNull RecyclerView parent, @NonNull RecyclerView.State state) {
            if(mOrientation==VERTICAL_LIST){
                //如果是垂直列表，则调用 drawVertical()方法绘制水平分割线
                drawVertical(c,parent);
            }else {
                //如果是水平列表，则调用 drawHorizontal()方法绘制垂直分割线
                drawHorizontal(c,parent);
            }
        }

        public void drawVertical(Canvas c, RecyclerView parent) {
            final int left = parent.getPaddingLeft();
            final int right = parent.getWidth() - parent.getPaddingRight();

            final int childCount = parent.getChildCount();

            //遍历每个可见选项，并且绘制分割线
            for (int i = 0; i < childCount; i++) {
                final View child = parent.getChildAt(i);
                final RecyclerView.LayoutParams params = (RecyclerView.LayoutParams) child.getLayoutParams();
                final int top = child.getBottom() + params.bottomMargin;
                final int bottom = top + mDivider.getIntrinsicHeight();
                //android.support.v7.widget.RecyclerView v = new android.support.v7.widget.RecyclerView(parent.getContext());
                mDivider.setBounds(left, top, right, bottom);
                mDivider.draw(c);
            }
        }

        public void drawHorizontal(Canvas c, RecyclerView parent) {
```

```
            final int top = parent.getPaddingTop();
            final int bottom = parent.getHeight() - parent.getPaddingBottom();

            final int childCount = parent.getChildCount();
            for (int i = 0; i < childCount; i++) {
                final View child = parent.getChildAt(i);
                final RecyclerView.LayoutParams params = (RecyclerView.LayoutParams) child
                        .getLayoutParams();
                final int left = child.getRight() + params.rightMargin;
                final int right = left + mDivider.getIntrinsicWidth();
                mDivider.setBounds(left, top, right, bottom);
                mDivider.draw(c);
            }
        }
    }
```

（2）上面的实现类通过读取系统主题中的 Android.R.attr.listDivider 作为 Item 间的分割线，并且支持横向和纵向。获取到 listDivider 以后，该属性的值是一个 Drawable，在 getItemOffsets 中，outRect 去设置了绘制的范围。onDraw 中实现了真正的绘制。

在 MainActivity.java 中添加如下代码就可以完成绘制分割线，需要注意分割线的方向要和布局的方向配合，MainActivity.java 部分代码如下：

```
    public class MainActivity extends AppCompatActivity {
        ...
        @Override
        protected void onCreate(Bundle savedInstanceState) {
            ...
            //1. 线性布局：默认布局方向是垂直的，默认滑动方向 flase 是向上或向左，可以通
过第 2、3 参数改变
            recyclerView.setLayoutManager(new LinearLayoutManager(this));
            //设置分割线
            recyclerView.addItemDecoration(new MyItemDecorator(this,LinearLayoutManager.VERTICAL));
            ...
        }
        ...
    }
```

（3）运行效果，见图 2.22。

图 2.22

（4）上面的分割线是系统默认的，用户可以在 theme.xml 中找到该属性的使用情况。那么，使用系统的 listDivider 有什么益处呢？益处是方便用户可根据自己的意愿进行变更处理。用户可以自己写一个 drawable 来替换系统默认的 listDivider，在 res\drawable 文件夹下增加 divider_my.xml，参考代码如下：

```
<?xml version="1.0" encoding="utf-8"?>
<shape xmlns:android="http://schemas.android.com/apk/res/android"
    android:shape="rectangle" >
    <gradient
        android:centerColor="#ff00ff00"
        android:endColor="#ff0000ff"
        android:startColor="#ffff0000"
        android:type="linear" />
    <size android:height="4dp"/>
    <size android:width="4dp"/>
</shape>
```

（5）在 res\values\styles.xml 文件中重新对 listDivider 进行声明，styles.xml 参考代码如下：

```
<resources>
  <!-- Base application theme. -->
  <style name="AppTheme" parent="Theme.AppCompat.Light.DarkActionBar">
```

```
        <!-- Customize your theme here. -->
        <item name="colorPrimary">@color/colorPrimary</item>
        <item name="colorPrimaryDark">@color/colorPrimaryDark</item>
        <item name="colorAccent">@color/colorAccent</item>

        <item name="android:listDivider">@drawable/divider_my</item>

    </style>
</resources>
```

（6）运行效果，见图 2.23。

图 2.23

4. 针对网格布局、交错网格布局增加分割线

改为 GridLayoutManager 以后，对于分割线，前面的 MyItemDecorator 就不适用了，主要是因为它在绘制的时候，比如水平线，针对每个 child 的取值为：

final int left = parent.getPaddingLeft();

final int right = parent.getWidth()- parent.getPaddingRight();

因为每个 Item 一行，这样是没问题的。而 GridLayoutManager 时，一行有多个 childItem，这样就会出现需多次绘制，并且 GridLayoutManager 时，Item 如果为最后一列（则右边无间隔线）或者为最后一行（底部无分割线）。针对上述，用户需要编写一个新的网格布局画分割线的类 MyGridItemDecorator extends RecyclerView.ItemDecoration。

（1）接续上一案例，自定义 MyGridItemDecorator extends RecyclerView.ItemDecoration，该类的代码 MyGridItemDecorator.java 如下：

```
public class MyGridItemDecorator extends RecyclerView.ItemDecoration {
    private static final int[] ATTRS = new int[] {
            android.R.attr.listDivider
    };
    private Drawable mDivider;

    public MyGridItemDecorator(Context context)
    {
        final TypedArray a = context.obtainStyledAttributes(ATTRS);
        mDivider = a.getDrawable(0);
        a.recycle();
    }

    @Override
    public void onDraw(Canvas c, RecyclerView parent, RecyclerView.State state)
    {
        drawHorizontal(c,parent);
        drawVertical(c,parent);
    }

    private int getSpanCount(RecyclerView parent)
    {
        // 列数
        int spanCount = -1;
        RecyclerView.LayoutManager layoutManager = parent.getLayoutManager();
        if (layoutManager instanceof GridLayoutManager)
        {
            spanCount = ((GridLayoutManager) layoutManager).getSpanCount();
        } else if (layoutManager instanceof StaggeredGridLayoutManager)
        {
            spanCount = ((StaggeredGridLayoutManager) layoutManager)
                    .getSpanCount();
        }
        return spanCount;
    }

    public void drawHorizontal(Canvas c, RecyclerView parent) {
```

```
        int childCount = parent.getChildCount();
        int spanCount = getSpanCount(parent);
        //for (int i = 0; i < (childCount-1)/spanCount*spanCount; i++) {//最后一行不画横线
        for (int i = 0; i < childCount; i++) {
            final View child = parent.getChildAt(i);
            final   RecyclerView.LayoutParams   params   =   (RecyclerView.LayoutParams)
child.getLayoutParams();
            final int left = child.getLeft() – params.leftMargin;
            final int right = child.getRight() + params.rightMargin
                    + mDivider.getIntrinsicWidth();
            final int top = child.getBottom() + params.bottomMargin;
            final int bottom = top + mDivider.getIntrinsicHeight();
            mDivider.setBounds(left, top, right, bottom);
            mDivider.draw(c);
        }
    }

    public void drawVertical(Canvas c, RecyclerView parent)
    {
        final int childCount = parent.getChildCount();
        for (int i = 0; i < childCount; i++)
        {
            final View child = parent.getChildAt(i);
            final   RecyclerView.LayoutParams   params   =   (RecyclerView.LayoutParams)
child.getLayoutParams();
            final int top = child.getTop() - params.topMargin;
            final int bottom = child.getBottom() + params.bottomMargin;
            final int left = child.getRight() + params.rightMargin;
            final int right = left + mDivider.getIntrinsicWidth();
            mDivider.setBounds(left, top, right, bottom);
            mDivider.draw(c);
        }
    }

    @Override
    public void getItemOffsets(Rect outRect, View view, RecyclerView parent, RecyclerView.State
```

```
        state) {
    super.getItemOffsets(outRect, view, parent, state);

    int spanCount = getSpanCount(parent);
    int childCount = parent.getAdapter().getItemCount();
    RecyclerView.LayoutManager layoutManager = parent.getLayoutManager();
    int pos = layoutManager.getPosition(view);
    if (isLastRaw(parent,pos ,spanCount, childCount)) {// 如果是最后一行,则不需要绘制
下边
        outRect.set(0, 0, mDivider.getIntrinsicWidth(), 0);
    }else if (isLastColum(parent,pos ,spanCount, childCount))// 如果是最后一列，则不需
要绘制右边
    {
        outRect.set(0, 0, 0,mDivider.getIntrinsicHeight());
    } else {
        outRect.set(0, 0, mDivider.getIntrinsicWidth(),
                mDivider.getIntrinsicHeight());
    }
}

private boolean isLastColum(RecyclerView parent, int pos, int spanCount,
                            int childCount)
{
    RecyclerView.LayoutManager layoutManager = parent.getLayoutManager();
    if (layoutManager instanceof GridLayoutManager)
    {
        if ((pos + 1) % spanCount == 0)// 如果是最后一列，则不需要绘制右边
        {
            return true;
        }
    } else if (layoutManager instanceof StaggeredGridLayoutManager)
    {
        int orientation = ((StaggeredGridLayoutManager) layoutManager)
                .getOrientation();
        if (orientation == StaggeredGridLayoutManager.VERTICAL)
        {
            if ((pos + 1) % spanCount == 0)// 如果是最后一列，则不需要绘制右边
```

```
                {
                    return true;
                }
            } else
            {
                childCount = childCount - childCount % spanCount;
                if (pos >= childCount)// 如果是最后一列，则不需要绘制右边
                    return true;
            }
        }
        return false;
    }

    private boolean isLastRaw(RecyclerView parent, int pos, int spanCount,
                              int childCount)
    {
        RecyclerView.LayoutManager layoutManager = parent.getLayoutManager();
        if (layoutManager instanceof GridLayoutManager)
        {
            childCount = childCount - childCount % spanCount;
            if (pos >= childCount)// 如果是最后一行，则不需要绘制底部
                return true;
        } else if (layoutManager instanceof StaggeredGridLayoutManager)
        {
            int orientation = ((StaggeredGridLayoutManager) layoutManager)
                    .getOrientation();
            // StaggeredGridLayoutManager 且纵向滚动
            if (orientation == StaggeredGridLayoutManager.VERTICAL)
            {
                childCount = childCount - childCount % spanCount;
                // 如果是最后一行，则不需要绘制底部
                if (pos >= childCount)
                    return true;
            } else
            // StaggeredGridLayoutManager 且横向滚动
            {
                // 如果是最后一行，则不需要绘制底部
                if ((pos + 1) % spanCount == 0)
                {
```

```
                        return true;
                    }
                }
            }
            return false;
        }
    }
```

（2）在 MainActivity.java 中添加部分代码就可以完成网格布局绘制分割线，代码如下：

```
public class MainActivity extends AppCompatActivity {
    ...
    @Override
    protected void onCreate(Bundle savedInstanceState) {
        ...
        //网格布局，第 2 个参数为列数
        recyclerView.setLayoutManager(new GridLayoutManager(this,5));
        recyclerView.addItemDecoration(new MyGridItemDecorator(this));
        ...
    }
    ...
}
```

（3）运行效果，见图 2.24。

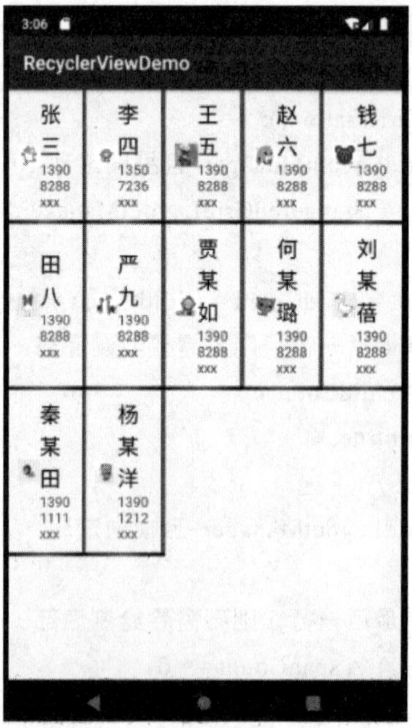

图 2.24

（4）在 MainActivity.java 中添加如下代码就可以完成交错网格绘制分割线，代码如下：

```
public class MainActivity extends AppCompatActivity {
    ...
    @Override
    protected void onCreate(Bundle savedInstanceState) {
        ...
        //交错网格布局（瀑布流）
        StaggeredGridLayoutManager layoutManager=new StaggeredGridLayoutManager(4,
                StaggeredGridLayoutManager.VERTICAL);
        recyclerView.setLayoutManager(layoutManager);
    // 设置 item 动画
        recyclerView.setItemAnimator(new DefaultItemAnimator());
        recyclerView.addItemDecoration(new MyGridItemDecorator(this));
        ...
    }
    ...
}
```

（5）运行效果，见图 2.25。

图 2.25

5. 针对 item 监听的改进

上面案例中已经实现了对 item 的监听。是在内部类 MyAdapter 中的 onBindViewHolder() 方法中实现的。

（1）接续上一案例，MainActivity.java 部分代码如下：

```
public class MainActivity extends AppCompatActivity {
    ...
    class MyAdapter extends RecyclerView.Adapter<MyAdapter.PersonHoder>{
        ...
        @Override
        public void onBindViewHolder(@NonNull PersonHoder personHoder, final int i) {
            //对 item 的监听,personHoder 里的 itemView 属性即为每个选项布局的根节点
View
            personHoder.itemView.setOnClickListener(new View.OnClickListener() {
                @Override
                public void onClick(View v) {
                    Toast.makeText(MainActivity.this, names[i], Toast.LENGTH_SHORT).show();
                }
            });
            personHoder.getAvatarView().setImageResource(avatars[i]);
            personHoder.getUserName().setText(names[i]);
            personHoder.getTelphone().setText(tels[i]);
        }
        ...
    }
    ...
}
```

（2）很显然，在内部类 MyAdapter 中处理 item 事件很不方便，如果需要改变 item 的事件处理需要修改内部类里的相关方法代码。因此希望 MyAdapter 能够给用户提供一个类似 OnItemClickListener 的接口，但内部类无法定义接口，因此有必要把 MyAdapter 改为外部类。MyAdapter.java 参考代码如下（注意改为外部类后部分代码需要调整）：

```
class MyAdapter extends RecyclerView.Adapter<MyAdapter.PersonHoder>{
    //定义属性
    Context context;
    String[] names,tels;
    int[] avatars;
```

```
OnItemClickListener onItemClickListener;

interface OnItemClickListener{
    void onItemClicked(View view,int position);
}

public void setOnItemClickListener(OnItemClickListener onItemClickListener){
    this.onItemClickListener=onItemClickListener;
}

//定义构造器
public MyAdapter(Context context, String[] names, String[] tels, int[] avatars) {
    this.context = context;
    this.names = names;
    this.tels = tels;
    this.avatars = avatars;
}

@Override
public PersonHoder onCreateViewHolder(@NonNull ViewGroup viewGroup, int i) {
    //通过 Context 上的 getSystemService()方法获得 LayoutInflater 对象
    LayoutInflater inflater = (LayoutInflater) context.getSystemService(Context.LAYOUT_
INFLATER_SERVICE);
    //View view=getLayoutInflater().inflate(R.layout.item_layout,viewGroup,false);
    View view=inflater.inflate(R.layout.item_layout,viewGroup,false);
    return new PersonHoder(view);
}

@Override
public void onBindViewHolder(@NonNull final MyAdapter.PersonHoder personHoder, final int i) {
    //对 item 的监听,personHoder 里的 itemView 属性即为每个选项布局的根节点 View
    personHoder.itemView.setOnClickListener(new View.OnClickListener() {
        @Override
        public void onClick(View v) {
            if(onItemClickListener != null){
            //把事件处理转给接口的 onItemClicked()方法
```

```
                    onItemClickListener.onItemClicked(personHoder.itemView,i);
                }
            }
        });

        personHoder.getAvatarView().setImageResource(avatars[i]);
        personHoder.getUserName().setText(names[i]);
        personHoder.getTelphone().setText(tels[i]);
    }
    @Override
    public int getItemCount() {
        return names.length;
    }

    class PersonHoder extends RecyclerView.ViewHolder{
        ImageView avatarView;
        TextView userName;
        TextView telphone;

        public ImageView getAvatarView() {
            return avatarView;
        }
        public TextView getUserName() {
            return userName;
        }
        public TextView getTelphone() {
            return telphone;
        }

        public PersonHoder(@NonNull View itemView) {
            super(itemView);
            avatarView =itemView.findViewById(R.id.imgView);
            userName=itemView.findViewById(R.id.userName);
            telphone=itemView.findViewById(R.id.telphone);
        }
    }
}
```

（3）修改后的 MainActivity.java 部分代码如下：

```
public class MainActivity extends AppCompatActivity {
    RecyclerView recyclerView;
    String[] names,tels;
    int[] avatars;

    @Override
    protected void onCreate(Bundle savedInstanceState) {
        ...
        //内部类时使用：MyAdapter adapter = new MyAdapter();
        MyAdapter adapter = new MyAdapter(this,names,tels,avatars);
        recyclerView.setAdapter(adapter);
    //设置 item 的监听并处理事件
        adapter.setOnItemClickListener(new MyAdapter.OnItemClickListener() {
            @Override
            public void onItemClicked(View view, int position) {
                Toast.makeText(MainActivity.this, names[position], Toast.LENGTH_SHORT).show();
            }
        });
    }
}
```

（4）运行效果，见图 2.26。

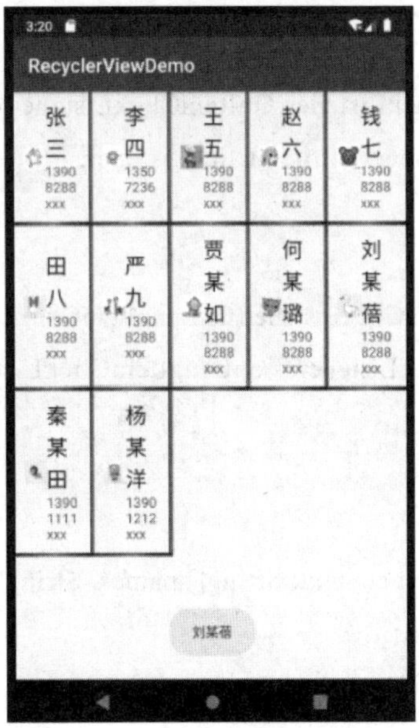

图 2.26

6. RecyclerView 的 item 增删改移操作

（1）仍然延续上一案例，要实现 item 的增删改移操作，首先需要增加 item 的事件处理机制，上面案例已经实现了 item 的单击事件，再增加一个长按事件处理，如果需要进行多种不同操作，可以在长按事件里增加菜单，通过菜单选择进行多个不同的事件处理。

修改后的 MyAdapter.java 代码如下：

```
class MyAdapter extends RecyclerView.Adapter<MyAdapter.PersonHoder>{
    //定义属性
    Context context;
    String[] names,tels;
    int[] avatars;

    OnItemClickListener onItemClickListener;//点击
    OnLongItemClickListener onLongItemClickListener;//长按

    //单击事件接口
    interface OnItemClickListener{
        void onItemClicked(View view,int position);
    }
    //长按事件接口
    interface OnLongItemClickListener{
        void onLongItemClicked(View view,int position);
    }

    public void setOnItemClickListener(OnItemClickListener onItemClickListener){
        this.onItemClickListener=onItemClickListener;
    }

    public void setOnLongItemClickListener(OnLongItemClickListener onLongItemClickListener) {
        this.onLongItemClickListener = onLongItemClickListener;
    }

    //定义构造器
    public MyAdapter(Context context, String[] names, String[] tels, int[] avatars) {
        this.context = context;
        this.names = names;
        this.tels = tels;
```

```
        this.avatars = avatars;
    }

    @Override
    public PersonHoder onCreateViewHolder(@NonNull ViewGroup viewGroup, int i) {
        //通过 Context 上的 getSystemService()方法获得 LayoutInflater 对象
        LayoutInflater inflater = (LayoutInflater) context.getSystemService(Context.LAYOUT_
INFLATER_SERVICE);
        //View view=getLayoutInflater().inflate(R.layout.item_layout,viewGroup,false);
        View view=inflater.inflate(R.layout.item_layout,viewGroup,false);
        return new PersonHoder(view);
    }

    @Override
    public void onBindViewHolder(@NonNull final MyAdapter.PersonHoder personHoder, final int i) {
        //对 item 的监听,personHoder 里的 itemView 属性即为每个选项布局的根节点 View
        personHoder.itemView.setOnClickListener(new View.OnClickListener() {
            @Override
            public void onClick(View v) {
                if(onItemClickListener != null){
                    onItemClickListener.onItemClicked(v,i);
                }
            }
        });
        personHoder.itemView.setOnLongClickListener(new View.OnLongClickListener() {
            @Override
            public boolean onLongClick(View v) {
                if(onLongItemClickListener !=null){
                    onLongItemClickListener.onLongItemClicked(v,i);
                }
                return true;
            }
        });

        personHoder.getAvatarView().setImageResource(avatars[i]);
        personHoder.getUserName().setText(names[i]);
        personHoder.getTelphone().setText(tels[i]);
```

```
    }
    @Override
    public int getItemCount() {
        return names.length;
    }

    class PersonHoder extends RecyclerView.ViewHolder{
        ImageView avatarView;
        TextView userName;
        TextView telphone;

        public ImageView getAvatarView() {
            return avatarView;
        }
        public TextView getUserName() {
            return userName;
        }
        public TextView getTelphone() {
            return telphone;
        }

        public PersonHoder(@NonNull View itemView) {
            super(itemView);
            avatarView =itemView.findViewById(R.id.imgView);
            userName=itemView.findViewById(R.id.userName);
            telphone=itemView.findViewById(R.id.telphone);
        }
    }
}
```

（2）修改后的 MainActivity.java 部分代码如下：

```
public class MainActivity extends AppCompatActivity {
    RecyclerView recyclerView;
    String[] names,tels;
    int[] avatars;

    @Override
```

```
    protected void onCreate(Bundle savedInstanceState) {
        super.onCreate(savedInstanceState);
        setContentView(R.layout.activity_main);
        recyclerView=findViewById(R.id.recyclerView);
        names=getResources().getStringArray(R.array.username);
        tels=getResources().getStringArray(R.array.telphone);
        //头像数组
        avatars= new int[]{R.drawable.a1,R.drawable.a2,
                R.drawable.a3,R.drawable.a4,
                R.drawable.a5,R.drawable.a6,
                R.drawable.a7,R.drawable.a8,
                R.drawable.a9,R.drawable.a10,
                R.drawable.a11,R.drawable.a12};
        //设置 RecylerView 的 Layout 模式，设置布局管理器可以灵活改变布局
        //网格布局，第 2 个参数为列数
        recyclerView.setLayoutManager(new GridLayoutManager(this,5));
        recyclerView.addItemDecoration(new MyGridItemDecorator(this));

        MyAdapter adapter = new MyAdapter(this,names,tels,avatars);
        recyclerView.setAdapter(adapter);
        adapter.setOnItemClickListener(new MyAdapter.OnItemClickListener() {
            @Override
            public void onItemClicked(View view, int position) {
                Toast.makeText(MainActivity.this, "单击"+names[position], Toast.LENGTH_
SHORT).show();
            }
        });
        adapter.setOnLongItemClickListener(new MyAdapter.OnLongItemClickListener() {
            @Override
            public void onLongItemClicked(View view, int position) {
                Toast.makeText(MainActivity.this, "长按"+names[position], Toast.LENGTH_
SHORT).show();
            }
        });
    }
}
```

（3）运行效果，见图 2.27。

图 2.27

（4）上面已经添加了单击和长按事件的监听器，下面通过单击事件来实现数据修改，长按实现数据删除等。

RecyclerView 具有高度自由性，其中一个原因也是它可以进行局部刷新，所以想往 RecyclerView 的 Adapter 中增、删、改、移数据是很方便的，官方 API 为用户提供了以下方法：

```
//该方法用于当增加一个数据的时候,position 表示新增数据显示的位置
final void notifyItem Inserted(int position)
//该方法用于删除一个数据的时候，position 表示数据删除的位置
final void notifyItem Removed(int position)
//该方法表示所在 position 对应的 item 位置不会改变，但是该 item 内容发生变化
final void notifyItem Changed(int position)
//该方法用于通知位置 fromPosition 上的元素已经被移动到位置 toPosition
final void notifyItem Moved(int fromPosition，int toPosition)
//该方法用于通知从位置 positionStart 开始的 itemCount 个元素已经发生了改变
final void notifyItem Range Changed(int positionStart，int itemCount)
//该方法用于通知从位置 positionStart 开始的 itemCount 个元素已经被移除
final void notifyItem Range Removed(int positionStart，int itemCount)
//该方法用于通知从位置 positionStart 开始插入 itemCount 个元素
final void notifyItem Range Inserted(int positionStart，int itemCount)
```

（5）为了便于进行 item 的操作，可以把每个 item 封装成为一个 Person 对象，对应的 Person.java 代码如下：

```
public class Person {
    private String name,tel;
    private int avatar;

    public Person() {
    }

    public Person(String name, String tel, int avatar) {
        this.name = name;
        this.tel = tel;
        this.avatar = avatar;
    }

    public String getName() {
        return name;
    }

    public String getTel() {
        return tel;
    }

    public int getAvatar() {
        return avatar;
    }

    public void setName(String name) {
        this.name = name;
    }

    public void setTel(String tel) {
        this.tel = tel;
    }

    public void setAvatar(int avatar) {
```

```
            this.avatar = avatar;
        }
    }
```

（6）在 MyAdapter.java 中增加使用 Person 数据集合绑定 item 的代码：

```
    class MyAdapter extends RecyclerView.Adapter<MyAdapter.PersonHoder>{
        ...
        //定义属性
        Context context;
        ArrayList<Person> personArrayList;

        //定义构造器，使用 personArrayList 的构造器
        public MyAdapter(Context context, ArrayList<Person> personArrayList) {
            this.context = context;
            this.personArrayList = personArrayList;
            if(this.personArrayList==null){
                this.personArrayList=new ArrayList<Person>();
            }
        }

        @Override
        public void onBindViewHolder(@NonNull final MyAdapter.PersonHoder personHoder, final
int i) {
        ...
            //绑定 item
            personHoder.getAvatarView().setImageResource(personArrayList.get(i).getAvatar());
            personHoder.getUserName().setText(personArrayList.get(i).getName());
            personHoder.getTelphone().setText(personArrayList.get(i).getTel());
    }
    //计算 item 的个数
        @Override
        public int getItemCount() {
            return personArrayList.size();
        }
        ...
    }
```

（7）使用 Person 集合设定 item 的 MainActivity.java 部分代码如下：

```
public class MainActivity extends AppCompatActivity {
    ...
    @Override
    protected void onCreate(Bundle savedInstanceState) {
        ...
        //设置用于更新 item 的 Person 对象集合
        final ArrayList<Person> personArrayList = new ArrayList<Person>();
        int len=names.length;
        for(int i=0;i<len;i++){
            personArrayList.add(new Person(names[i],tels[i],avatars[i]));
        }

        MyAdapter adapter = new MyAdapter(this,personArrayList);
        ...
    }
    ...
}
```

（8）在 MyAdapter 里增加增删改移的方法（这里只给出增加和删除的方法）：

```
class MyAdapter extends RecyclerView.Adapter<MyAdapter.PersonHoder>{
    ...
    //删除当前 item
    public void removeData(int position) {
        personArrayList.remove(position);
        notifyItemRemoved(position);
        notifyItemRangeChanged(position,getItemCount()-position);
    }

    //增加一个 item
    public void addData(int position,Person person) {
        personArrayList.add(position,person);
        notifyItemInserted(position);
        notifyItemRangeChanged(position,getItemCount()+position);
    }
    ...
}
```

（9）MainActivity.java 修改单击事件为增加一个 item，长按事件为删除一个 item，部分代码如下：

```
public class MainActivity extends AppCompatActivity {
    ...
    @Override
    protected void onCreate(Bundle savedInstanceState) {
        ...
        adapter.setOnItemClickListener(new MyAdapter.OnItemClickListener() {
            @Override
            public void onItemClicked(View view, int position) {
                adapter.addData(position,new Person("增加姓名","增加电话",R.drawable.a7));
            }
        });
        adapter.setOnLongItemClickListener(new MyAdapter.OnLongItemClickListener() {
            @Override
            public void onLongItemClicked(View view, int position) {
                //长按删除该 item
                adapter.removeData(position);
            }
        });
        ...
    }
    ...
}
```

（10）运行效果，见图 2.28、图 2.29。

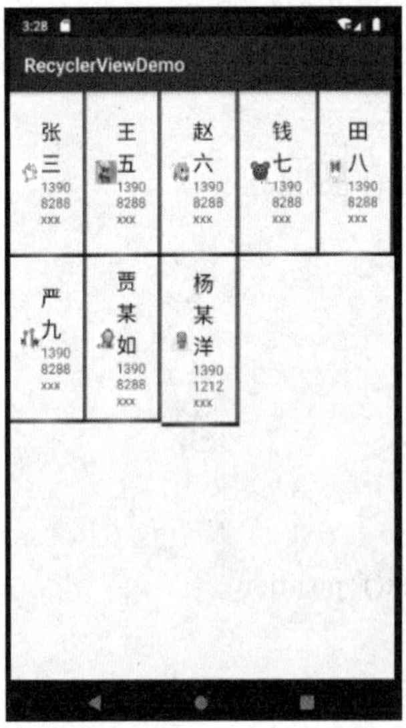

图 2.28

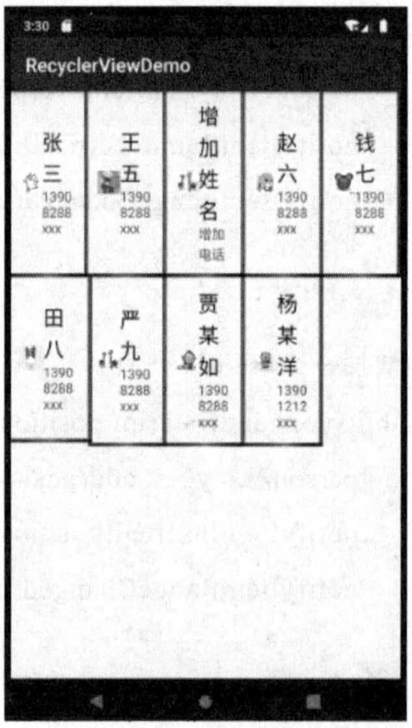

图 2.29

2.7 CardView 的使用

本节引言

CardView 适用于实现卡片式布局效果的重要控件，由 Appcompat-v7 库提供，实际上 CardView 也是一个 FrameLayout，只是额外提供了圆角和阴影效果，看上去有立体的感觉。一般 CardView 都用在 ListView 的 item 布局中。

1. CardView 自定义属性

CardView 继承自 FrameLayout，并在其基础上添加了圆角和阴影等效果。为了更方便地使用这些效果，Google 提供了一系列的自定义属性，这些属性的作用和用法如下：

CardView_cardBackgroundColor　　设置背景色

CardView_cardCornerRadius　　设置圆角大小

CardView_cardElevation　　设置 z 轴阴影

CardView_cardMaxElevation　　设置 z 轴最大高度值

CardView_cardUseCompatPadding　　是否使用 CompadPadding

设置内边距，V21+的版本和之前的版本具有一样的计算方式。

部分机器不开这个属性会导致卡片效果“消失”，如荣耀 6（6.0 系统）。

CardView_cardPreventCornerOverlap　　是否使用 PreventCornerOverlap

在 V20 和之前的版本中添加内边距，这个属性为了防止内容和边角的重叠。

CardView_contentPadding　　内部边距，子 View 与 CardView 的距离

CardView_contentPaddingLeft　　内部左侧边距

CardView_contentPaddingTop　　内部顶部边距

CardView_contentPaddingRight　　内部右侧边距

CardView_contentPaddingBottom　　内部底部边距

2. CardView 使用

（1）添加依赖库

CardView 是随 MD 推出的补充库，并非 SDK 的内容，因此在使用 CardView 时，必须先引入依赖库：

implementation 'com.android.support：cardview-v7：××.×.×'

（2）使用 CardView 布局

前面已经介绍了，CardView 继承自 FrameLayout，那么用户就可以直接在布局中，

将 CardView 作为容器，放入其他控件即可。如果已有现成的布局，想再引入卡片效果，也只需要在已有布局最外层添加 CardView 即可。

3. 使用 CardView 案例

（1）新建一个 module，命名为 CardViewDemo。

（2）为 CardView 的使用添加依赖。在 module 的 build.gradle 中的 dependencies {}中添加：

implementation 'com.android.support：cardview-v7：28.0.0'

注意：必须和 implementation 'com.android.support：appcompat-v7：28.0.0'保持版本一致（本案例因需要使用 RecyclerView 也添加了 RecyclerView 的依赖）。

```
dependencies {
    ...
    implementation 'com.android.support:appcompat-v7:28.0.0'
    implementation 'com.android.support:cardview-v7:28.0.0'
    implementation 'com.android.support:recyclerview-v7:28.0.0'
    ...
}
```

（3）准备 12 个头像图片，并导入至 drawable 文件夹中，见图 2.30。

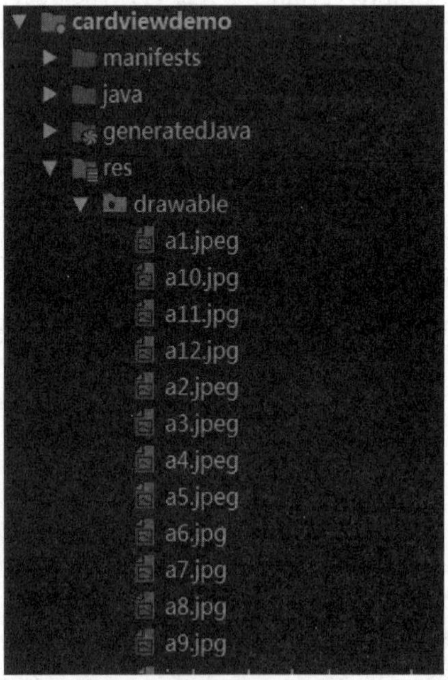

图 2.30

（4）为项目增加相关资源，strings.xml 参考代码如下：

```
<resources>
    <string name="app_name">CardViewDemo</string>
    <string-array name="username">
        <item>张三</item>
        <item>李四</item>
        <item>王五</item>
        <item>赵六</item>
        <item>钱七</item>
        <item>田八</item>
        <item>严九</item>
        <item>贾某如</item>
        <item>何某璐</item>
        <item>刘某蓓</item>
        <item>秦某田</item>
        <item>杨某洋</item>
    </string-array>
    <string-array name="telphone">
        <item>13908288xxx</item>
        <item>13507236xxx</item>
        <item>13908288xxx</item>
        <item>13908288xxx</item>
        <item>13908288xxx</item>
        <item>13908288xxx</item>
        <item>13908288xxx</item>
        <item>13908288xxx</item>
        <item>13908288xxx</item>
        <item>13908288xxx</item>
        <item>13901111xxx</item>
        <item>13901212xxx</item>
    </string-array>
</resources>
```

（5）新建一个自定义布局文件 item_layout.xml（注意 cardview 的使用）。

```
<?xml version="1.0" encoding="utf – 8"?>
<android.support.v7.widget.CardView xmlns:android="http://schemas.android.com/apk/res/android"
    xmlns:card_view="http://schemas.android.com/apk/res-auto"
    android:layout_width="match_parent"
    android:layout_height="wrap_content"
```

```
android:layout_gravity="center"
android:layout_margin="5dp"
card_view:cardBackgroundColor="@android:color/holo_orange_light"
card_view:cardCornerRadius="4dp"
card_view:cardElevation="5dp"
>
<LinearLayout
    android:layout_width="match_parent"
    android:layout_height="wrap_content"
    android:layout_gravity="center"
    android:gravity="center"
    android:orientation="horizontal"
    android:padding="10dp">
    <!-- 定义一个用于显示头像的 ImageView -->
    <ImageView
        android:id="@+id/imgView"
        android:layout_width="match_parent"
        android:layout_height="50dp"
        android:layout_weight=".6"
        android:scaleType="centerInside"
        android:src="@mipmap/ic_launcher"/>
    <LinearLayout
        android:layout_width="match_parent"
        android:layout_height="wrap_content"
        android:layout_gravity="center"
        android:layout_weight=".4"
        android:orientation="vertical">
        <TextView
            android:id="@+id/userName"
            android:layout_width="wrap_content"
            android:layout_height="wrap_content"
            android:text="Name"
            android:textAppearance="?android:attr/textAppearanceLarge"
            />
        <TextView
            android:id="@+id/telphone"
            android:layout_width="wrap_content"
            android:layout_height="wrap_content"
            android:text="Telphone"
```

```
                />
        </LinearLayout>
    </LinearLayout>
</android.support.v7.widget.CardView>
```

（6）布局文件 activity_main.xml（注意非 android 核心控件的使用方法）。

```
<?xml version="1.0" encoding="utf - 8"?>
<LinearLayout xmlns:android="http://schemas.android.com/apk/res/android"
    xmlns:tools="http://schemas.android.com/tools"
    android:layout_width="match_parent"
    android:layout_height="match_parent"
    android:orientation="vertical"
    tools:context=".MainActivity">

    <android.support.v7.widget.RecyclerView
        android:id="@+id/recyclerView"
        android:layout_width="match_parent"
        android:layout_height="match_parent">
    </android.support.v7.widget.RecyclerView>

</LinearLayout>
```

（7）MainActivity.java 代码如下：

```
public class MainActivity extends AppCompatActivity {
    RecyclerView recyclerView;
    String[] names,tels;
    int[] avatars;

    @Override
    protected void onCreate(Bundle savedInstanceState) {
        super.onCreate(savedInstanceState);
        setContentView(R.layout.activity_main);
        recyclerView=findViewById(R.id.recyclerView);
        names=getResources().getStringArray(R.array.username);
        tels=getResources().getStringArray(R.array.telphone);
        //头像数组
        avatars= new int[]{R.drawable.a1,R.drawable.a2,
                R.drawable.a3,R.drawable.a4,
                R.drawable.a5,R.drawable.a6,
                R.drawable.a7,R.drawable.a8,
                R.drawable.a9,R.drawable.a10,
```

```
                R.drawable.a11,R.drawable.a12};
        //设置 RecylerView 的 Layout 模式，设置布局管理器可以灵活改变布局
        recyclerView.setLayoutManager(new LinearLayoutManager(this));
        MyAdapter adapter = new MyAdapter(this,names,tels,avatars);
        recyclerView.setAdapter(adapter);
        adapter.setOnItemClickListener(new MyAdapter.OnItemClickListener() {
            @Override
            public void onItemClicked(View view, int position) {
                Toast.makeText(MainActivity.this, names[position], Toast.LENGTH_SHORT).show();
            }
        });
    }
}
```

（8）运行效果，见图 2.31。

图 2.31

2.8 Spinner（列表选项框）的基本使用

本节引言

本节将要学习的是一个叫作 Spinner 的 Adapter 控件。应用场景：当 App 需要用户输入数据时，除了让用户自己打字以外，还有一种比较贴心的设计——列出一组选项让用户从中挑选，操作十分便捷。

1. 相关属性

Android：dropDownHorizontalOffset：设置列表框的水平偏移距离；

Android：dropDownVerticalOffset：设置列表框的水平竖直距离；

Android：dropDownSelector：列表框被选中时的背景；

Android：dropDownWidth：设置下拉列表框的宽度；

Android：gravity：设置组件的对齐方式；

Android：popupBackground：设置列表框的背景；

Android：prompt：设置对话框模式的列表框的提示信息（标题），只能够引用 string.xml 中的资源 id，而不能直接写字符串；

Android：spinnerMode：列表框的模式，有两个可选值——dialog：对话框风格的窗口；dropdown：下拉菜单风格的窗口（默认）；

可选属性：android：entries：使用数组资源设置下拉列表框的列表项目。

2. 使用示例

Spinner 会默认选中第一个值，就是默认调用 spinner.setSection（0）。用户可以通过这个设置默认的选中值，另外，会触发一次 OnItemSelectedListener 事件，这个事件触发是不必要的，解决方法是：添加一个 boolean 值，然后设置为 false，在 onItemSelected 时进行判断，false 说明是默认触发的，不做任何操作并将 boolean 值设置为 true；true 是正常触发事件。示例中写了两个不同的 Spinner，从数据源，列表框风格等进行对比。

案例实现：

（1）新建一个 Module，命名为 SpinnerDemo，见图 2.32。

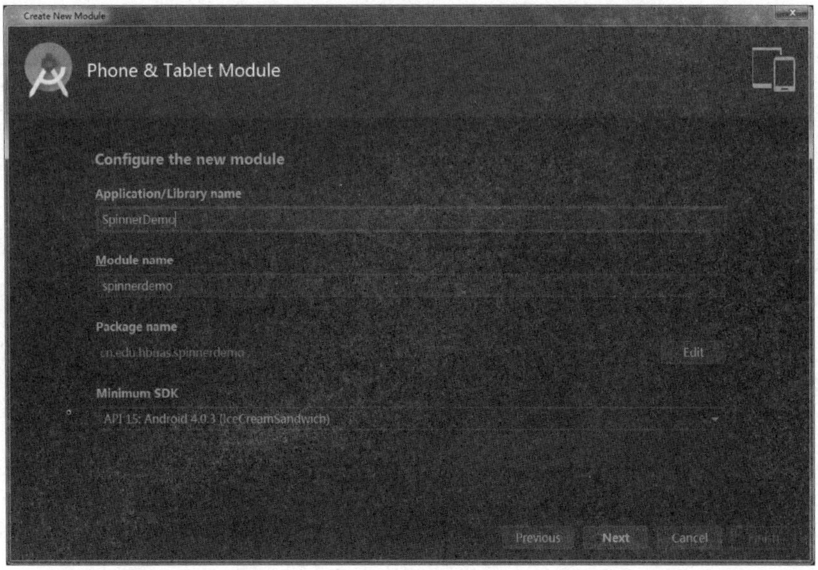

图 2.32

（2）布局文件 activity_main.xml。

```
<?xml version="1.0" encoding="utf-8"?>
<LinearLayout xmlns:android="http://schemas.android.com/apk/res/android"
    xmlns:app="http://schemas.android.com/apk/res-auto"
    xmlns:tools="http://schemas.android.com/tools"
    android:layout_width="match_parent"
    android:layout_height="match_parent"
    android:orientation="vertical"
    tools:context=".MainActivity">

<Spinner
        android:id="@+id/spinner"
        android:layout_width="match_parent"
        android:layout_height="wrap_content"
        android:prompt="@string/prompt_str"
        />

</LinearLayout>
```

（3）添加 Spinner 的数据源。

由于在 Spinner 中用到的数据主要包括提示信息（一个字符串）和选项（字符串列表），因此可以直接编辑 res/values 下 strings.xml 的文件，内容如下：

```
<resources>
    <string name="app_name">SpinnerDemo</string>
    <!--选择提示信息-->
    <string name="prompt_str">请选择城市</string>
    <!--列表选择项-->
    <string-array name="cities">
        <item>北京</item>
        <item>上海</item>
        <item>深圳</item>
        <item>成都</item>
        <item>武汉</item>
    </string-array>
</resources>
```

（4）使用 setAdapter 加载选项列表。

```
    MainActivity.java：
public class MainActivity extends AppCompatActivity {
    Spinner spinner;
    @Override
    protected void onCreate(Bundle savedInstanceState) {
        super.onCreate(savedInstanceState);
        setContentView(R.layout.activity_main);
        spinner=findViewById(R.id.spinner);
        SpinnerAdapter spinnerAdapter = ArrayAdapter.createFromResource(
                this,
                R.array.cities,
               /**下面的参数指定一个 view 用来显示 spinner 列表数据,
               有两个参数值 simple_spinner_item 和 simple_spinner_dropdown_item
               显示效果略有区别
                */
                android.R.layout.simple_spinner_item);
        spinner.setAdapter(spinnerAdapter);
    }
}
```

（5）运行效果，见图 2.33。

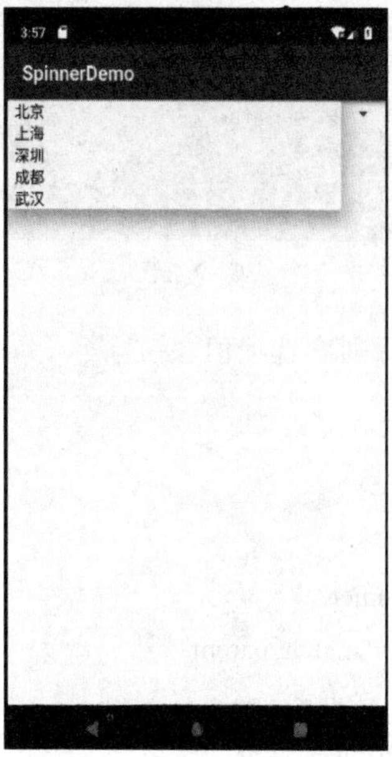

图 2.33

（6）修改布局文件实现对话框模式显示列表选项。

```
activity_main.xml:
<!--设置列表框模式为 dialog-->
<Spinner
        android:id="@+id/spinner"
        android:layout_width="match_parent"
        android:layout_height="wrap_content"
        android:prompt="@string/prompt_str"
        android:spinnerMode="dialog"
        />
```

（7）运行效果，见图 2.34。

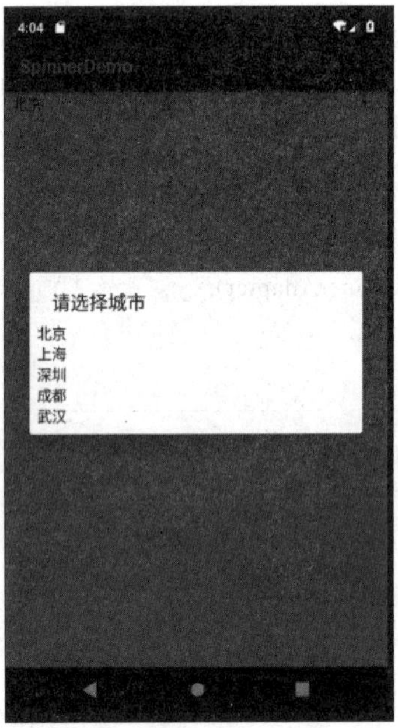

图 2.34

（8）直接使用布局文件加载列表选项值。

```
activity_main.xml:
<!--设置列表框模式为 dialog-->
<Spinner
        android:id="@+id/spinner"
        android:layout_width="match_parent"
        android:layout_height="wrap_content"
        android:prompt="@string/prompt_str"
```

```
        android:spinnerMode="dialog"
        android:entries="@array/cities"
        />
```

MainActivity.java：

```
public class MainActivity extends AppCompatActivity {
    @Override
    protected void onCreate(Bundle savedInstanceState) {
        super.onCreate(savedInstanceState);
        setContentView(R.layout.activity_main);
        }
}
```

（9）Spinner 的 OnItemSelectedListener 实现事件处理。

activity_main.xml：

```
<?xml version="1.0" encoding="utf-8"?>
<LinearLayout xmlns:android="http://schemas.android.com/apk/res/android"
    xmlns:app="http://schemas.android.com/apk/res-auto"
    xmlns:tools="http://schemas.android.com/tools"
    android:layout_width="match_parent"
    android:layout_height="match_parent"
    android:orientation="vertical"
    tools:context=".MainActivity">

    <TextView
        android:layout_marginTop="10dp"
        android:layout_width="match_parent"
        android:layout_height="wrap_content"
        android:text="请从下面的列表选择"
        android:textSize="20sp"/>

    <!--设置列表框模式为 dialog-->
    <Spinner
        android:layout_marginTop="10dp"
        android:id="@+id/spinner"
        android:layout_width="match_parent"
        android:layout_height="30dp"
        android:prompt="@string/prompt_str"
```

```
            android:spinnerMode="dialog"
            android:entries="@array/cities"
            android:scrollbarSize="20sp"
            />
        <TextView
            android:layout_marginTop="10dp"
            android:layout_width="match_parent"
            android:layout_height="wrap_content"
            android:text="你选择的是："
            android:textSize="20sp"/>
        <TextView
            android:id="@+id/tv1"
            android:layout_marginTop="10dp"
            android:layout_width="match_parent"
            android:layout_height="wrap_content"
            android:textSize="20sp"/>

    </LinearLayout>
```

MainActivity.java：

```
public class MainActivity extends AppCompatActivity {
        private Spinner spinner;
        private TextView textView;
        private String[] cities;
        //判断是否为刚进去时触发 onItemSelected 的标志
        private boolean spinner_selected = false;

        @Override
        protected void onCreate(Bundle savedInstanceState) {
            super.onCreate(savedInstanceState);
            setContentView(R.layout.activity_main);
            spinner=findViewById(R.id.spinner);
            textView=findViewById(R.id.tv1);
            cities=getResources().getStringArray(R.array.cities);
            spinner.setOnItemSelectedListener(new AdapterView.OnItemSelectedListener() {
                @Override
                public void onItemSelected(AdapterView<?> parent, View view, int position, long id) {
                    if(spinner_selected){
```

```
                    textView.setText(cities[position]);
                }else spinner_selected=true;
            }

            @Override
            public void onNothingSelected(AdapterView<?> parent) {
                textView.setText("");
            }
        });
    }
}
```

（10）运行效果，见图 2.35。

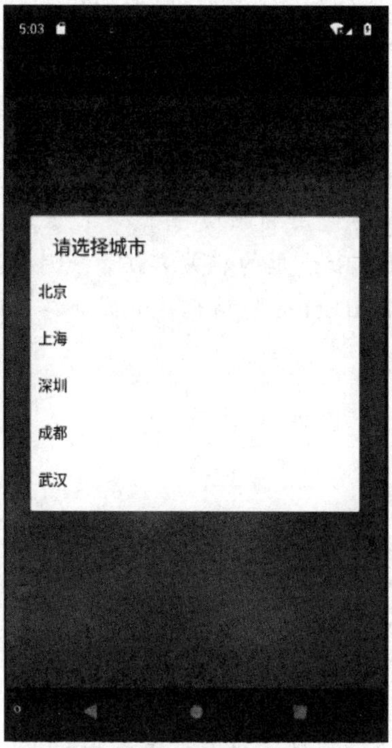

图 2.35

第 3 单元

对话框与菜单使用案例

3.1 AlertDialog（对话框）详解

本节引言

本节介绍显示提示信息的第三个控件 AlertDialog（对话框），同时它也是其他 Dialog 的父类，如 ProgressDialog、TimePickerDialog 等，而 AlertDialog 的父类是 Dialog。

另外，和前面学习的 Toast 及 Notification 不同，AlertDialog 并不能直接调用出来，如果用户打开 AlertDialog 的源代码，会发现构造方法是 protected 的。如果创建一个 AlertDialog，需要使用到该类中的一个静态内部类 public static class Builder，然后再调用 AlertDialog 里的相关方法，来对 AlertDialog 进行定制，最后调用 show()方法来显示 AlertDialog 对话框。下面介绍 AlertDialog 的基本用法，以及定制 AlertDialog。

1. 基本使用流程

步骤 1：创建 AlertDialog.Builder 对象。
步骤 2：调用 setIcon()设置图标，setTitle()或 setCustomTitle()设置标题。
步骤 3：设置对话框的内容：setMessage()还有其他方法来指定显示的内容。
步骤 4：调用 setPositive/Negative/NeutralButton()设置：确定，取消，中立按钮。
步骤 5：调用 create()方法创建这个对象，再调用 show()方法将对话框显示出来。

2. 普通对话框使用示例

（1）新建一个 module，命名为 AlertDialogDemo。
（2）普通对话框布局文件 activity_main.xml。

```
<?xml version="1.0" encoding="utf-8"?>
<LinearLayout xmlns:android="http://schemas.android.com/apk/res/android"
```

```
    xmlns:app="http://schemas.android.com/apk/res-auto"
    xmlns:tools="http://schemas.android.com/tools"
    android:layout_width="match_parent"
    android:layout_height="match_parent"
    tools:context=".MainActivity">
    <Button
        android:layout_width="match_parent"
        android:layout_height="wrap_content"
        android:text="（1）普通 AlertDialog 对话框"
        android:onClick="showAlert"/>
</LinearLayout>
```

（3）MainActivity.java。

```
public class MainActivity extends AppCompatActivity {
    @Override
    protected void onCreate(Bundle savedInstanceState) {
        super.onCreate(savedInstanceState);
        setContentView(R.layout.activity_main);
    }
    public void showAlert(View view) {
        AlertDialog.Builder builder = new AlertDialog.Builder(this);
        builder.setTitle("标题");
        builder.setMessage("消息");
        builder.setIcon(R.drawable.warning);//提前准备一个图标资源文件
        builder.setPositiveButton("确定", new DialogInterface.OnClickListener() {
            @Override
            public void onClick(DialogInterface dialog, int which) {
                Toast.makeText(MainActivity.this,"对话框确定按钮被点击",Toast.LENGTH_
SHORT).show();
            }
        });
        builder.setNegativeButton("取消",null);
        AlertDialog dialog = builder.create();
        dialog.show();
    }
}
```

（4）运行效果，见图 3.1。

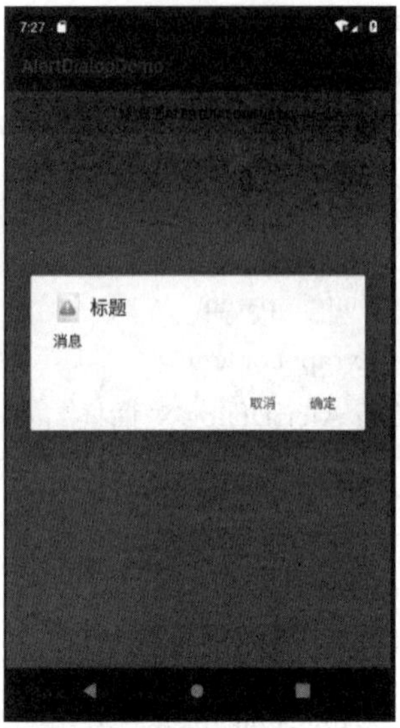

图 3.1

3. 列表对话框使用示例

（1）复制普通对话框案例的布局文件 activity_main.xml 为 activity_main2.xml，并修改代码。

```
<?xml version="1.0" encoding="utf - 8"?>
<LinearLayout xmlns:android="http://schemas.android.com/apk/res/android"
    xmlns:app="http://schemas.android.com/apk/res-auto"
    xmlns:tools="http://schemas.android.com/tools"
    android:layout_width="match_parent"
    android:layout_height="match_parent"
    tools:context=".MainActivity">
    <Button
        android:layout_width="match_parent"
        android:layout_height="wrap_content"
        android:text="（2）列表 AlertDialog 对话框"
        android:onClick="showAlert"/>
</LinearLayout>
```

（2）复制普通对话框案例的 MainActivity.java 为 MainActivity2.java。

```
public class MainActivity2 extends AppCompatActivity {
    String[] arr={"Java","Android","PHP","HTML5"};
```

```java
    @Override
    protected void onCreate(Bundle savedInstanceState) {
        super.onCreate(savedInstanceState);
        setContentView(R.layout.activity_main2);
    }

    public void showAlert(View view) {
        AlertDialog.Builder builder = new AlertDialog.Builder(this);
        builder.setTitle("选择学科");
        builder.setItems(arr, new DialogInterface.OnClickListener() {
            @Override
            public void onClick(DialogInterface dialog, int which) {
                Toast.makeText(MainActivity2.this,""+arr[which],Toast.LENGTH_SHORT).show();
            }
        });
        AlertDialog dialog = builder.create();
        dialog.show();
    }
}
```

（3）修改 AndroidManifest.xml 文件。

```xml
<?xml version="1.0" encoding="utf-8"?>
<manifest xmlns:android="http://schemas.android.com/apk/res/android"
    package="cn.edu.hbuas.alertdialogdemo">
    <application
        android:allowBackup="true"
        android:icon="@mipmap/ic_launcher"
        android:label="@string/app_name"
        android:roundIcon="@mipmap/ic_launcher_round"
        android:supportsRtl="true"
        android:theme="@style/AppTheme">
        <activity android:name=".MainActivity2">
            <intent-filter>
                <action android:name="android.intent.action.MAIN" />
                <category android:name="android.intent.category.LAUNCHER" />
            </intent-filter>
        </activity>
```

```
            <activity android:name=".MainActivity">
            </activity>
        </application>
</manifest>
```

（4）运行效果，见图 3.2。

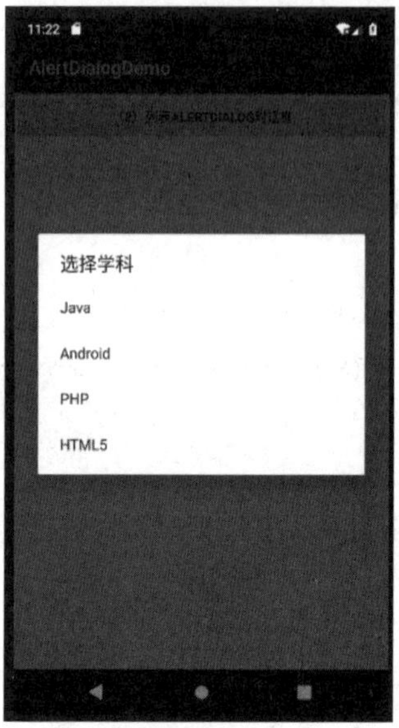

图 3.2

4. 单选列表对话框使用示例

（1）修改 activity_main2.xml 代码。

```
<?xml version="1.0" encoding="utf-8"?>
<LinearLayout xmlns:android="http://schemas.android.com/apk/res/android"
    xmlns:app="http://schemas.android.com/apk/res-auto"
    xmlns:tools="http://schemas.android.com/tools"
    android:layout_width="match_parent"
    android:layout_height="match_parent"
    tools:context=".MainActivity">
    <Button
        android:layout_width="match_parent"
        android:layout_height="wrap_content"
        android:text="（3）单选列表 AlertDialog 对话框"
        android:onClick="showAlert"/>
</LinearLayout>
```

（2）修改 MainActivity2.java 代码。

```
public class MainActivity2 extends AppCompatActivity {
    String[] arr={"Java","Android","PHP","HTML5"};
    @Override
    protected void onCreate(Bundle savedInstanceState) {
        super.onCreate(savedInstanceState);
        setContentView(R.layout.activity_main2);
    }

    public void showAlert(View view) {
        AlertDialog.Builder builder = new AlertDialog.Builder(this);
        builder.setTitle("选择学科");
        builder.setSingleChoiceItems(arr, 0, new DialogInterface.OnClickListener() { //第二个参数为默认选中的 item 索引号
            @Override
            public void onClick(DialogInterface dialog, int which) {
                Toast.makeText(MainActivity2.this,""+arr[which],Toast.LENGTH_SHORT).show();
                dialog.dismiss(); //单选列表不会因为选中而自动消失，需要自行关闭
            }
        });
        AlertDialog dialog = builder.create();
        dialog.show();
    }
}
```

（3）运行效果，见图 3.3。

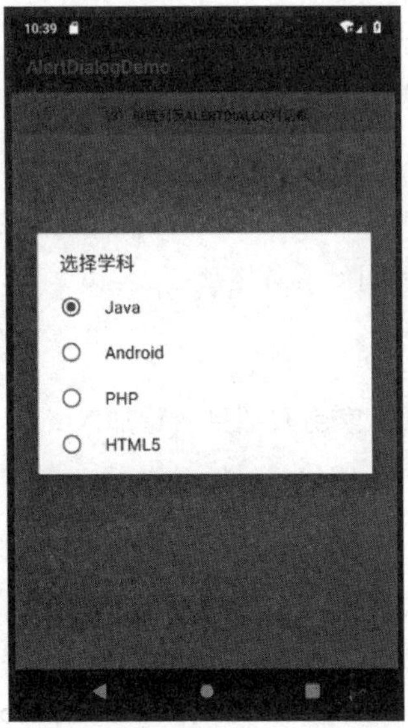

图 3.3

5. 多选列表对话框使用示例

（1）修改 activity_main2.xml 代码。

```
<?xml version="1.0" encoding="utf-8"?>
<LinearLayout xmlns:android="http://schemas.android.com/apk/res/android"
    xmlns:app="http://schemas.android.com/apk/res-auto"
    xmlns:tools="http://schemas.android.com/tools"
    android:layout_width="match_parent"
    android:layout_height="match_parent"
    tools:context=".MainActivity">
    <Button
        android:layout_width="match_parent"
        android:layout_height="wrap_content"
        android:text="（4）多选列表 AlertDialog 对话框"
        android:onClick="showAlert"/>
</LinearLayout>
```

（2）修改 MainActivity2.java 代码。

```
public class MainActivity2 extends AppCompatActivity {
    String[] arr={"Java","Android","PHP","HTML5"};
    boolean[] checked = {false,true,true,false};    //多选框默认选中第二和第三项
    HashMap<Integer,String> map = new HashMap<>();    //使用 HashMap 保存选中的项目索
引号和项目名称
    @Override
    protected void onCreate(Bundle savedInstanceState) {
        super.onCreate(savedInstanceState);
        setContentView(R.layout.activity_main2);
        int i = 0;
        for(boolean b : checked){
            if(b){
                map.put(i,arr[i]);
            }
            i++;
        }   //把默认选中的项目索引和项目名称加入 map
    }

    public void showAlert(View view) {
        AlertDialog.Builder builder = new AlertDialog.Builder(this);
        builder.setTitle("选择学科");
        builder.setMultiChoiceItems(arr, checked, new DialogInterface.OnMultiChoiceClickListener() {
```

```
            @Override
            public void onClick(DialogInterface dialog, int which, boolean isChecked) {
                if(isChecked){
                    map.put(which,arr[which]);
                }else{
                    map.remove(which);
                } //选中放入 map，取消选中从 map 中移除
            }
        });
        builder.setPositiveButton("OK", new DialogInterface.OnClickListener() {
            @Override
            public void onClick(DialogInterface dialog, int which) {
                String str ="";
                for(Map.Entry entry :map.entrySet()){
                    str += entry.getValue();
                }
                Toast.makeText(MainActivity2.this,str,Toast.LENGTH_SHORT).show();
            }
        });
        AlertDialog dialog = builder.create();
        dialog.show();
    }
}
```

（3）运行效果，见图 3.4。

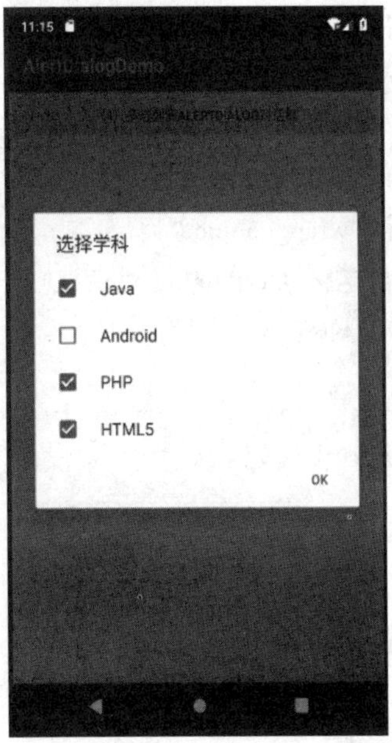

图 3.4

细心的用户可能发现，当点击对话框的外部区域，对话框就会消失，因此可以为 builder 设置 setCancelable（false）即能解决这个问题。

6. 通过 Builder 的 setView()定制显示的 AlertDialog

用户可以自定义一个与系统对话框不同的布局，然后调用 setView()将布局加载到 AlertDialog 上。

（1）新建一个 module，命名为 CustomAlertDemo。

（2）布局文件 activity_main.xml 代码。

```
<?xml version="1.0" encoding="utf-8"?>
<LinearLayout xmlns:android="http://schemas.android.com/apk/res/android"
    xmlns:app="http://schemas.android.com/apk/res-auto"
    xmlns:tools="http://schemas.android.com/tools"
    android:layout_width="match_parent"
    android:layout_height="match_parent"
    tools:context=".MainActivity"
    android:orientation="vertical">
    <!--定义一个 TextView 用于显示接收到的自定义对话框内容-->
    <TextView
        android:id="@+id/textview1"
        android:layout_width="match_parent"
        android:layout_height="wrap_content"
        android:textSize="20sp"
        android:text="HelloWorld"/>
    <Button
        android:layout_width="match_parent"
        android:layout_height="wrap_content"
        android:text="（5）自定义 AlertDialog 对话框"
        android:onClick="showAlert"/>
</LinearLayout>
```

（3）布局文件 dialog_layout.xml 代码。

```
<?xml version="1.0" encoding="utf – 8"?>
<LinearLayout
    xmlns:android="http://schemas.android.com/apk/res/android" android:layout_width="match_parent"
    android:layout_height="match_parent"
    android:orientation="vertical">
```

```
    <EditText
        android:id="@+id/et1"
        android:layout_width="match_parent"
        android:layout_height="wrap_content"
        android:hint="姓名："
        android:textSize="20sp"/>
    <Button
        android:id="@+id/bt1"
        android:layout_width="match_parent"
        android:layout_height="wrap_content"
        android:text="OK"
        android:textSize="20sp"/>
</LinearLayout>
```

（4）MainActivity.java。

```
public class MainActivity extends AppCompatActivity {
    TextView textView;
    AlertDialog dialog;
    @Override
    protected void onCreate(Bundle savedInstanceState) {
        super.onCreate(savedInstanceState);
        setContentView(R.layout.activity_main);
        textView = findViewById(R.id.textview1);
    }
    public void showAlert(View view) {
        AlertDialog.Builder builder = new AlertDialog.Builder(this);
        builder.setTitle("输入姓名");
        View dialogView = getLayoutInflater().inflate(R.layout.dialog_layout,null); //为自定义
对话框定义一个 View
        builder.setView(dialogView);
        final   EditText editText = dialogView.findViewById(R.id.et1);
        Button button = dialogView.findViewById(R.id.bt1);
        button.setOnClickListener(new View.OnClickListener() {
            @Override
            public void onClick(View v) {
                textView.setText(editText.getText().toString());
                dialog.dismiss();
```

```
                }
            });
            dialog = builder.create();
            dialog.show();
        }
    }
```

（5）运行效果，见图 3.5。

图 3.5

3.2 DatePickerDialog 和 TimePickerDialog

本节引言

本节介绍 DatePickerDialog 和 TimePickerDialog，它们是可视化的日期、时间选择对话框。

DatePickerDialog 对话框和 TimePickerDialog 对话框比单独的 DatePicker 组件和 TimePicker 组件更好用，用法也比较简单。DataPicker 与 TimePicker 这两个控件并非弹窗模式，而是直接在页面上占据一块区域，并不会自动关闭，因此不适合直接使用，实际开发中常用已经封装好的对话框 DatePickerDialog 与 TimePickerDialog。

1. DatePickerDialog 基本使用流程

步骤 1：使用 onCreateDialog（int id）创建 Dialog 对象。

步骤 2：调用 Dialog 对象的 show()方法显示 dialog。

步骤 3：重写 onCreateDialog（int id）方法，使用 DatePickerDialog()创建对话窗口，声明一个监听器实现 DatePickerDialog.OnDateSetListener，同时可以设置初始显示的日期。

2. DatePickerDialog 对话框使用示例

（1）新建一个 module，命名为 DatePickerDialogDemo。

（2）布局文件 activity_main.xml。

```
<?xml version="1.0" encoding="utf-8"?>
<LinearLayout xmlns:android="http://schemas.android.com/apk/res/android"
    xmlns:app="http://schemas.android.com/apk/res-auto"
    xmlns:tools="http://schemas.android.com/tools"
    android:layout_width="match_parent"
    android:layout_height="match_parent"
    android:orientation="vertical"
    tools:context=".MainActivity">

    <Button
        android:id="@+id/dateButton"
        android:layout_width="match_parent"
        android:layout_height="wrap_content"
        android:text="日期选择对话框"
        />

</LinearLayout>
```

（3）MainActivity.java。

```
public class MainActivity extends AppCompatActivity {
    Button button;

    @Override
    protected void onCreate(Bundle savedInstanceState) {
        super.onCreate(savedInstanceState);
```

```
            setContentView(R.layout.activity_main);
            button=findViewById(R.id.dateButton);
            button.setOnClickListener(new View.OnClickListener() {
                @Override
                public void onClick(View v) {
                    onCreateDialog(0).show();
                }
            });
        }
        @Override
        protected Dialog onCreateDialog(int id){
            switch (id){
                case 0:
                    //月份从 0 开始，0—11 对应 1—12 个月
                    //DatePickerDialog 可以使用第二个参数设置显示样式，参数值使用
AlertDialog 里的 Theme，主要有
                    //AlertDialog.THEME_TRADITIONAL/AlertDialog.THEME_HOLO_DARK/
AlertDialog.THEME_HOLO_LIGHT
                    //AlertDialog.THEME_DEVICE_DEFAULT_DARK/AlertDialog.THEME_DEVICE_
DEFAULT_LIGHT
                    return new DatePickerDialog(this, AlertDialog.THEME_DEVICE_DEFAULT_
LIGHT,onDateSetListener,2019,2,6);
                default:
                    return   null;
            }
        }
        DatePickerDialog.OnDateSetListener onDateSetListener=new DatePickerDialog. OnDateSetListener()
{
            @Override
            public void onDateSet(DatePicker view, int year, int month, int dayOfMonth) {
                String string = year+"年"+(month+1)+"月"+dayOfMonth+"日";
                Toast.makeText(MainActivity.this,string,Toast.LENGTH_LONG).show();
            }
        };

    }
```

（4）运行效果，见图 3.6。

图 3.6

3. TimePickerDialog 基本使用流程

步骤 1：使用 onCreateDialog（int id）创建 Dialog 对象。

步骤 2：调用 Dialog 对象的 show()方法显示 dialog。

步骤 3：重写 onCreateDialog（int id）方法，使用 TimePickerDialog()创建对话窗口，声明一个监听器实现 TimePickerDialog.OnTimeSetListener，同时可以设置初始显示的时间。

4. TimePickerDialog 对话框使用示例

（1）新建一个 module，命名为 TimePickerDialogDemo。

（2）布局文件 activity_main.xml。

```
<?xml version="1.0" encoding="utf – 8"?>
<LinearLayout xmlns:android="http://schemas.android.com/apk/res/android"
    xmlns:app="http://schemas.android.com/apk/res-auto"
    xmlns:tools="http://schemas.android.com/tools"
    android:layout_width="match_parent"
    android:layout_height="match_parent"
    android:orientation="vertical"
    tools:context=".MainActivity">
```

```
    <Button
        android:layout_width="match_parent"
        android:layout_height="wrap_content"
        android:onClick="timePickerDialog"
        android:text="时间选择对话框"/>

</LinearLayout>
```

（3）MainActivity.java。

```
public class MainActivity extends AppCompatActivity {
    private final int TIME_PICKER_ID = 1;
    @Override
    protected void onCreate(Bundle savedInstanceState) {
        super.onCreate(savedInstanceState);
        setContentView(R.layout.activity_main);
    }

    public void timePickerDialog(View view) {
        Dialog dialog = onCreateDialog(TIME_PICKER_ID);
        dialog.show();
    }
    @Override
    protected Dialog onCreateDialog(int id) {
        switch (id){
            case TIME_PICKER_ID:
                //和 DatePickerDialog 一样，第二个参数可以设置样式，否则不同版本的模
拟器显示效果不同
                TimePickerDialog timePickerDialog = new TimePickerDialog(this,
                        AlertDialog.THEME_TRADITIONAL,onTimeSetListener,21,44,true);
                return  timePickerDialog;
            default:
                return null;
        }
    }
    TimePickerDialog.OnTimeSetListener onTimeSetListener = new TimePickerDialog. OnTimeSet
Listener() {
```

```
            @Override
            public void onTimeSet(TimePicker view, int hourOfDay, int minute) {
                String string = "您设置的时间是："+hourOfDay+":"+minute;
                Toast.makeText(MainActivity.this, string, Toast.LENGTH_LONG).show();
            }
        };
    }
```

（4）运行效果，见图 3.7。

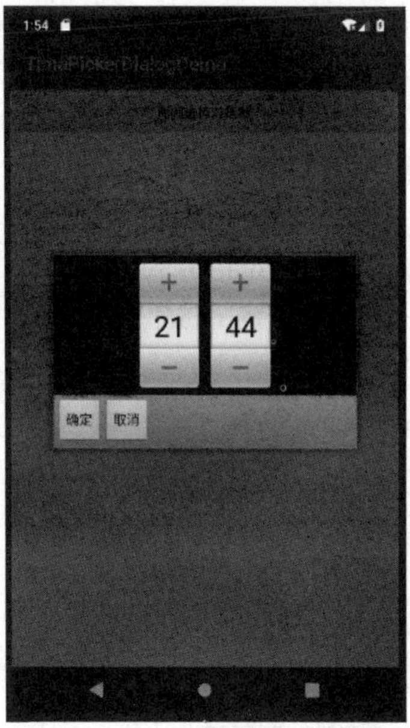

图 3.7

3.3 ProgressDialog 进度条对话框

本节引言

本节介绍 DatePickerDialog 和 TimePickerDialog，它们是可视化的日期、时间选择对话框。

DatePickerDialog 对话框和 TimePickerDialog 对话框比单独的 DatePicker 组件和 TimePicker 组件更好用，用法也比较简单。DataPicker 与 TimePicker 这两个控件并非弹窗模式，而是直接在页面上占据一块区域，并不会自动关闭，因此不适合直接使用，实际开发中常用已经封装好的对话框 DatePickerDialog 与 TimePickerDialog。

1. ProgressDialog 使用流程

步骤 1：使用 onCreateDialog（int id）创建 Dialog 对象。

步骤 2：调用 Dialog 对象的 show()方法显示 dialog。

步骤 3：重写 onCreateDialog（int id）方法，使用 TimePickerDialog()创建对话窗口，声明一个监听器实现 TimePickerDialog.OnTimeSetListener，同时可以设置初始显示的时间。

2. ProgressDialog 对话框使用示例

（1）新建一个 module，命名为 ProgressDialogDemo。

（2）布局文件 activity_main.xml。

```
<?xml version="1.0" encoding="utf - 8"?>
<LinearLayout xmlns:android="http://schemas.android.com/apk/res/android"
    xmlns:app="http://schemas.android.com/apk/res-auto"
    xmlns:tools="http://schemas.android.com/tools"
    android:layout_width="match_parent"
    android:layout_height="match_parent"
    android:orientation="vertical"
    tools:context=".MainActivity">

    <Button
        android:layout_width="match_parent"
        android:layout_height="wrap_content"
        android:text="进度对话框"
        android:onClick="progressDialog"/>

</LinearLayout>
```

（3）MainActivity.java。

```
public class MainActivity extends AppCompatActivity {

    @Override
    protected void onCreate(Bundle savedInstanceState) {
        super.onCreate(savedInstanceState);
        setContentView(R.layout.activity_main);
    }
```

```
    public void progressDialog(View view) {
        final ProgressDialog progressDialog = new ProgressDialog(this);
        progressDialog.setTitle("进度对话框");
        progressDialog.setMessage("加载中，请稍后......");
        new Thread(new Runnable() {
            @Override
            public void run() {
                try {
                    Thread.sleep(5000);
                } catch (InterruptedException e) {
                    e.printStackTrace();
                }finally {
                    progressDialog.dismiss();
                }
            }
        }).start();
        progressDialog.show();
    }
}
```

（4）运行效果，见图 3.8。

图 3.8

3.4 菜单（Menu）

本节引言

本节给大家带来的是Android中的Menu（菜单），在Android中菜单有以下几种：

OptionMenu——选项菜单，Android中最常见的菜单，通过Menu键来调用。

SubMenu——子菜单，Android中点击子菜单将弹出一个显示子菜单项的悬浮框，子菜单不支持嵌套，即不能包括其他子菜单。

ContextMenu——上下文菜单，通过长按某个视图组件后出现的菜单，该组件需注册上下文菜单。

本节将依次学习这几种菜单的用法。

3.4.1 OptionMenu（选项菜单）

1. OptionMenu的使用

非常简单，重写两个方法即可。这两个方法用户在创建项目的时候会自动生成，它们分别是：

（1）public boolean onCreateOptionsMenu（Menu menu）//调用OptionMenu，在这里完成菜单初始化。

（2）public boolean onOptionsItemSelected（MenuItem item）//菜单项被选中时触发，这里完成事件处理。

除了上面这两个方法可以重写外，用户还可以进行重写的另外三个方法是：

（1）public void onOptionsMenuClosed（Menu menu）//菜单关闭会调用该方法。

（2）public boolean onPrepareOptionsMenu（Menu menu）//选项菜单显示前会调用该方法，可在这里进行菜单的调整（动态加载菜单列表）。

（3）public boolean onMenuOpened（int featureId，Menu menu）//选项菜单打开以后，会调用这个方法。

而加载菜单的方式有两种，一种是直接通过编写菜单XML文件，然后调用：getMenuInflater().inflate（R.menu.menu_main，menu）；另一种方法是通过代码动态添加onCreateOptionsMenu的参数menu，调用add方法添加菜单，包括add菜单项的组号、ID、排序号、标题。另外如果排序号是按添加顺序排序的话都填0即可。

2. 使用示例

（1）新建一个module，命名为MenuDemo。

（2）创建菜单资源目录：在 res 上右键单击 New→Android Resource Directory，选择 Resource type 为 menu，单击 OK。

（3）创建菜单资源文件：在 menu 上右键单击 New→Menu resource file，File name 可以自己命名，这里命名为 main_menu，单击 OK。

（4）菜单资源文件 main_menu.xml 代码如下：

```
<?xml version="1.0" encoding="utf - 8"?>
<menu xmlns:app="http://schemas.android.com/apk/res - auto"
    xmlns:android="http://schemas.android.com/apk/res/android">
    <item
        android:id="@+id/itemOpen"
        android:title="打开" />
    <item
        android:id="@+id/itemClose"
        android:title="关闭" />
</menu>
```

（5）MainActivity.java。

```
public class MainActivity extends AppCompatActivity {
    @Override
    protected void onCreate(Bundle savedInstanceState) {
        super.onCreate(savedInstanceState);
        setContentView(R.layout.activity_main);
    }
    @Override
    public boolean onCreateOptionsMenu(Menu menu) {
        getMenuInflater().inflate(R.menu.main_menu,menu); //加载菜单资源文件
        return true; //返回 true，菜单显示，返回 false，菜单不显示
    }
    @Override
    public boolean onOptionsItemSelected(MenuItem item) {
        int id = item.getItemId();
        if(id == R.id.itemOpen){
            Toast.makeText(this,"打开文件",Toast.LENGTH_SHORT).show();
        } else {
            Toast.makeText(this,"关闭文件",Toast.LENGTH_SHORT).show();
        }
        return super.onOptionsItemSelected(item);
    }
}
```

（6）运行效果，见图 3.9。

图 3.9

3.4.2　ContextMenu（上下文菜单）

长按某个 View 后出现的菜单，用户需要为这个 View 注册上下文菜单。

1. ContextMenu 使用流程

步骤 1：重写 onCreateContextMenu()方法。

步骤 2：为 View 组件注册上下文菜单，使用 registerForContextMenu()方法，参数是 View。

步骤 3：重写 onContextItemSelected()方法，为菜单项指定事件监听器。

2. 使用示例

（1）仍然使用前一案例的菜单资源文件 main_menu.xml。

（2）布局文件 activity_main.xml。

```
<?xml version="1.0" encoding="utf-8"?>
<LinearLayout xmlns:android="http://schemas.android.com/apk/res/android"
    xmlns:app="http://schemas.android.com/apk/res-auto"
    xmlns:tools="http://schemas.android.com/tools"
    android:layout_width="match_parent"
```

```
    android:layout_height="match_parent"
    android:orientation="vertical"
    tools:context=".MainActivity">
    <EditText
        android:id="@+id/editText"
        android:layout_width="wrap_content"
        android:layout_height="wrap_content"
        android:text="Hello World!"
        />
</LinearLayout>
```

（3）MainActivity.java。

```
public class MainActivity extends AppCompatActivity {
    EditText editText;
    @Override
    protected void onCreate(Bundle savedInstanceState) {
        super.onCreate(savedInstanceState);
        setContentView(R.layout.activity_main);
        editText = findViewById(R.id.editText);
        registerForContextMenu(editText);
}
//重写与 ContextMenu 相关方法
@Override
//重写上下文菜单的创建方法
    public void onCreateContextMenu(ContextMenu menu, View v, ContextMenu.Context
MenuInfo menuInfo) {
        getMenuInflater().inflate(R.menu.main_menu,menu); //加载菜单资源文件
}
//上下文菜单被点击时触发该方法
    @Override
    public boolean onContextItemSelected(MenuItem item) {
        int id = item.getItemId();
        if(id == R.id.itemOpen){
            Toast.makeText(this,"上下文菜单打开文件",Toast.LENGTH_SHORT).show();
        } else {
```

```
                Toast.makeText(this,"上下文菜单关闭文件",Toast.LENGTH_SHORT).show();
            }
            return super.onContextItemSelected(item);
        }
    }
```

（4）运行效果，见图 3.10。

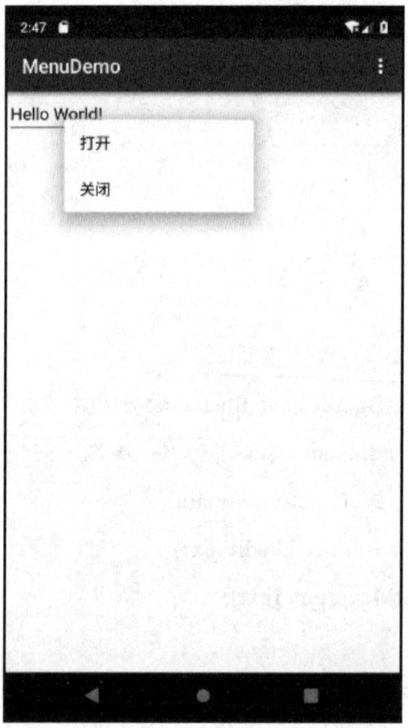

图 3.10

第 4 单元
组件应用案例

4.1 Activity 初学乍练

本节引言

本节主要介绍 Android 四大组件之一的 Activity（活动），官方对于 Activity 的介绍如下：

Activity 是一个应用程序的组件，它在屏幕上提供了一个区域，允许用户在上面做一些交互性的操作，比如打电话、照相、发送邮件或者显示一个地图。Activity 可以理解成一个绘制用户界面的窗口，而这个窗口可以填满整个屏幕，也可能比屏幕小或者浮动在其他窗口的上方。

从上面的介绍，可以得到以下信息：

（1）Activity 用于显示用户界面，用户通过 Activity 交互完成相关操作。

（2）一个 App 可允许有多个 Activity。

4.1.1 Activity 的概念与 Activity 的生命周期

Activity 可直接翻译为“活动”，而在 Android 中更多的是代表手机的屏幕，是 Android 的四大组件之一，重要的组成单元，提供了与用户交互的可视化界面（GUI），大多数的 App 都是由多个屏幕组成的。Android 系统使用 Task（栈）来存储 Activity，可以理解为 Activity 栈，即后进先出；当在一个 Activity 启动另一个 Activity 时，第二个 Activity 压入第一个 Activity 的栈中，此时两个 Activity 是放在同一个 Task 中的，当用户按下回退键时，第二个 Activity 从栈中弹出，第一个 Activity 回到栈顶，即显示到当前屏幕。

Activity 的生命周期及回调方法见图 4.1。

注意事项：

（1）onPause()和 onStop()被调用的前提是打开了一个新的 Activity。前者是旧 Activity 还可见的状态，后者是旧 Activity 已经不可见。

（2）另外，AlertDialog 和 PopWindow 是不会触发上述两个回调方法的。

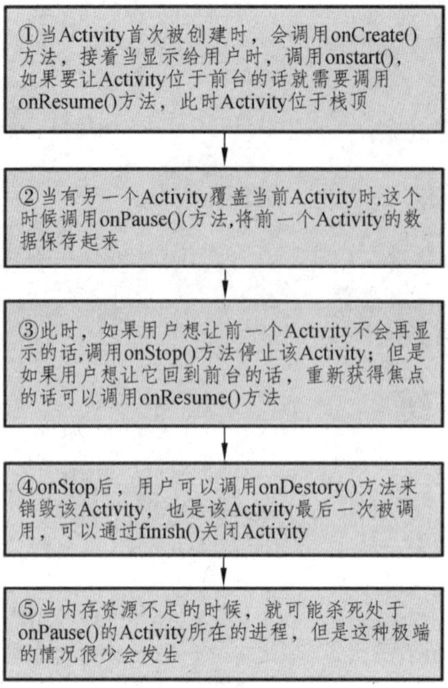

（a）生命周期图

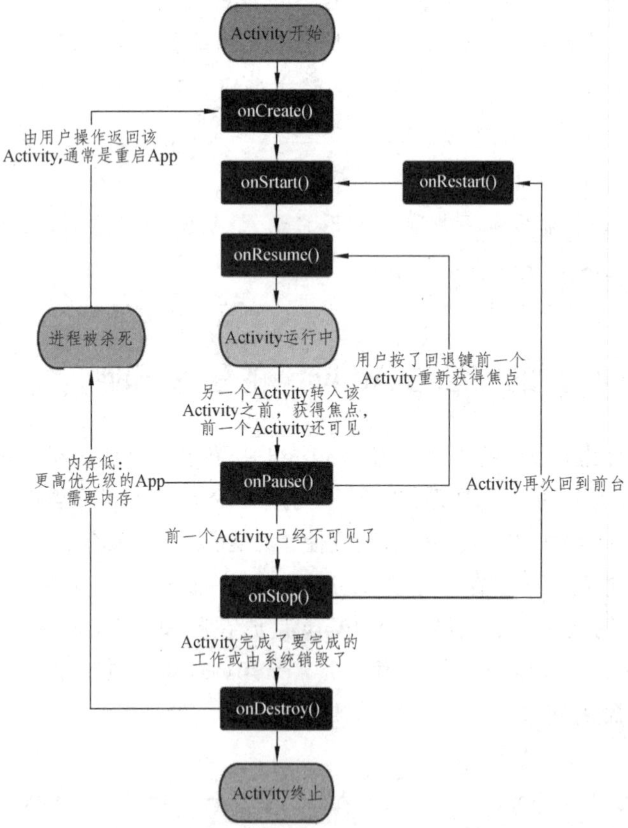

（b）Activity 回调方法

图 4.1

4.1.2 Activity/ActionBarActivity/AppCompatActivity 的区别

在介绍创建 Activity 之前要说下它们三个的区别：Activity 就不用再介绍，后面这两个都是为了低版本兼容而提出来的，它们都在 v7 包下，ActionBarActivity 已被弃用，ActionBar~，在 5.0 后，被 Google 弃用了，现在用的是 ToolBar。用户再在 Android Studio 中创建一个 Activity，则默认继承的是 AppCompatActivity。当然用户也可以只写 Activity，只是 AppCompatActivity 给用户提供了一些新的东西。

4.1.3 Activity 的创建流程

（1）自定义 Activity 类名，继承 Activity 类或者它的子类。

```
class MyActivity extends Activity{
```

（2）重写 onCreate()方法，在该方法中调 setContentView()设置要显示的视图。

```
public void onCreate (Bundle savedInstanceState)
  {
      super. onCreate (savedInstanceState);
      setContentView (R.layout.main);
  }
```

（3）在 AndroidManifest.xml 对 Activity 进行配置。

```
<activity
    android:icon="图标”
    android:name="类名"
    android:label="Activity 显示的标题"
    android:theme="要应用的主题"></activity>
```

（4）启动 Activity：调用 startActivity (Intent)。

```
    Intent it= new
    Intent (MainActivity.this, MyActivity.class);
    startActivity(it);
```

（5）关闭 Activity：调用 finish，直接关闭当前 Activity。

可以把它写到启动第二个 Activity 的方法中，当启动第二个 Activity 时，第一个 Activity 就会被关闭

```
    finish();
```

说明：

前面已介绍过，可以继承 Activity 和 AppCompatActivity，只是后者提供了一些新的东西。另外，Android 中的四大组件，只要用户定义了，无论用或没用，都要在 AndroidManifest.xml 对这个组件进行声明，不然运行时程序会直接退出，报 ClassNotFindException...

4.1.4 onCreate()一个参数和两个参数的区别

当用户使用 AS 在重写 Activity 的 onCreate()方法时会发现，这里有两个参数，见图 4.2。

```
@Override
public void onCreate(Bundle savedInstanceState, PersistableBundle persistentState) {
    super.onCreate(savedInstanceState, persistentState);
}
```

图 4.2

但正常的参数只有一个，见图 4.3

```
@Override
protected void onCreate(Bundle savedInstanceState) {
    super.onCreate(savedInstanceState);
    setContentView(R.layout.activity_main);
}
```

图 4.3

这就是 5.0 给用户们提供的新方法，若要用它，需先在配置文件中为 Activity 设置一个属性：

android：persistableMode="persistAcrossReboots"

设置完后，Activity 就拥有了持久化的能力。通常，可搭配如下两个方法来使用：

publicvoid onSaveInstanceState（Bundle outState，PersistableBundle outPersistentState）

publicvoid onRestoreInstanceState（Bundle savedInstanceState，PersistableBundle persistentState）

相信用户对这两个方法并不陌生，前一个方法会在下述情形中被调用：

（1）点击 Home 键，回到主页或长按后选择运行其他程序。

（2）按下电源键关闭屏幕。

（3）启动新的 Activity。

（4）横竖屏切换时，肯定会执行，因为横竖屏切换的时候会先销毁 Act，然后再重新创建。注：当系统“未经用户许可”时销毁了用户的 activity，则 onSaveInstanceState 会被系统调用，这是系统的责任，因为它必须要提供一个机会让用户保存数据（用户可以选择保存，也可以选择不保存）。

而另一个方法和 onCreate 一样，可以直接取出前者保存的数据，一般是在 onStart()和 onResume()之间执行。之所以有两个可以获取到保存数据的方法，是为了避免发生 Act 跳转而没有关闭，然后不走 onCreate()方法，而用户又想取出保存数据。

当 Activity 拥有了持久化的能力，增加的 PersistableBundle 参数可使上述方法拥有了系统关机后重启恢复数据能力，而且不影响用户其他的序列化操作。另外，API 版本需要不低于 21，即要 5.0 以上的版本才有效。

4.1.5 启动 Activity 的方式

在 Android 中，用户可以通过显示启动和隐式启动两种方式来启动一个新的 Activity。

1. 显式启动

（1）最常见的启动方法——通过包名来启动。

```
startActivity(newIntent(当前 Act.this,要启动的 Act.class));
```

（2）通过 Intent 的 ComponentName 来启动。

```
ComponentName cn =newComponentName("当前 Act 的全限定类名","启动 Act 的全限定类名");
Intent intent =newIntent();
intent.setComponent(cn);
startActivity(intent);
```

（3）初始化 Intent 时指定包名来启动。

```
Intent intent =newIntent("android.intent.action.MAIN");
intent.setClassName("当前 Act 的全限定类名","启动 Act 的全限定类名");
startActivity(intent);
```

2. 隐式启动

通过 Intent-filter 的 Action、Category 或 data 来实现启动

```
<activity android:name=".SecondActivity"
    android:label="第二个 Activity">
    <intent-filter>
        <action android:name="my_action"/>
        <cateaorv android:name="mv_cateaorv"/>
        <categorv android:"android. Intent. Categorv. DEFAULT"/>
    </intent-filter>
</activitv>
Java 文件中启动：
Intent it = new Intent();
It. setAction("mv_action");
It. addCategorv("mv_categorv");
startActivitv(it);
```

3. 直接通过包名启动 apk

```
Intent intent = getPackageManager().getLaunchIntentForPackage
("apk 第一个启动 Activity 的全限定类名");
if(intent !=null) startActivity(intent);
```

4.1.6 横竖屏切换与状态保存

App 横竖屏切换的时候会销毁当前的 Activity 然后重新创建一个 Activity。用户可以自行在生命周期的每个方法里都添加打印 Log 的语句，来进行判断，又或者设一个 TextView 按钮，点击按钮后，修改 TextView 文本，然后横竖屏切换，这时会发现 TextView 文本变回之前的内容了。横竖屏切换时 Act 走下述生命周期：onPause → onStop → onDestory → onCreate → onStart → onResume。

关于横竖屏切换可能遇到以下问题：

1. 可以禁止屏幕横竖屏自动切换

在 AndroidManifest.xml 中为 Act 添加一个属性：android：screenOrientation，有下述可选值：

unspecified：默认值，由系统来判断显示方向，判定的策略是和设备相关的，所以不同的设备会有不同的显示方向；

landscape：横屏显示（宽比高要长）；

portrait：竖屏显示（高比宽要长）；

user：用户当前首选的方向；

behind：和该 Activity 下面的那个 Activity 的方向一致（在 Activity 堆栈中的）；

sensor：由物理的感应器来决定，如果用户旋转设备，屏幕会横竖屏自动切换；

nosensor：忽略物理感应器，这样就不会随着用户旋转设备而发生切换（"unspecified" 设置除外）。

2. 横竖屏时加载不同的布局

（1）准备两套不同的布局，Android 会自动根据横竖屏加载不同布局，创建两个布局文件夹：layout-land 横屏、layout-port 竖屏，然后把这两套布局文件放进这两文件夹里，文件名一样，Android 就会自行判断，然后加载相应布局。

（2）用户可在代码中自行判断，可以加载些什么。

用户一般是在 onCreate()方法中加载布局文件的，因此可以在这里对横竖屏的状态做判断，关键代码如下：

```
if(this.getResources().getConfiguration().orientation ==Configuration.ORIENTATION_LANDSCAPE){
        setContentView(R.layout.横屏);
}

elseif(this.getResources().getConfiguration().orientation ==Configuration.ORIENTATION_PORTRAIT){
        setContentView(R.layout.竖屏);
}
```

3. 模拟器横竖屏切换的方法

如果模拟器是 GM 的话，直接按模拟器上的切换按钮即可。原生模拟器可按[Ctrl+f11/f12]进行切换。

4. 状态保存

状态保存可通过完善 Bundle savedInstanceState 参数予以完成，有如下 3 种方法：

```
onCreate(Bundle savedInstanceState);
onSaveInstanceState(Bundle outState);
onRestoreInstanceState(Bundle savedInstanceState);
```

用户只重写 onSaveInstanceState()方法，往这个 bundle 中写入数据，比如：

```
outState.putInt("num",1);
```

这样，然后用户在 onCreate 或者 onRestoreInstanceState 中就可以取出里面存储的数据，不过取之前要判断是否为 null。

```
savedInstanceState.getInt("num");
```

4.1.7 系统提供的常见的 Activity

系统给用户提供的一些常见的 Activtiy 如下：

```
//1.拨打电话
// 给移动客服 10086 拨打电话
Uri uri =Uri.parse("tel:10086");
Intent intent =newIntent(Intent.ACTION_DIAL, uri);
startActivity(intent);
```

```
//2.发送短信
// 给 10086 发送内容为“Hello”的短信
Uri uri =Uri.parse("smsto:10086");
Intent intent =newIntent(Intent.ACTION_SENDTO, uri);
intent.putExtra("sms_body","Hello");
startActivity(intent);

//3.发送彩信（相当于发送带附件的短信）
Intent intent =newIntent(Intent.ACTION_SEND);
intent.putExtra("sms_body","Hello");
Uri uri =Uri.parse("content://media/external/images/media/23");
intent.putExtra(Intent.EXTRA_STREAM, uri);
intent.setType("image/png");
startActivity(intent);

//4.打开浏览器
// 打开 Google 主页
Uri uri =Uri.parse("http://www.baidu.com");
Intent intent  =newIntent(Intent.ACTION_VIEW, uri);
startActivity(intent);

//5.发送电子邮件
// 给 someone@domain.com 发邮件
Uri uri =Uri.parse("mailto:someone@domain.com");
Intent intent =newIntent(Intent.ACTION_SENDTO, uri);
startActivity(intent);
// 给 someone@domain.com 发邮件发送内容为“Hello”的邮件
Intent intent =newIntent(Intent.ACTION_SEND);
intent.putExtra(Intent.EXTRA_EMAIL,"someone@domain.com");
intent.putExtra(Intent.EXTRA_SUBJECT,"Subject");
intent.putExtra(Intent.EXTRA_TEXT,"Hello");
intent.setType("text/plain");
startActivity(intent);
// 给多人发邮件
Intent intent=newIntent(Intent.ACTION_SEND);
```

```
String[] tos ={"1@abc.com","2@abc.com"};// 收件人
String[] ccs ={"3@abc.com","4@abc.com"};// 抄送
String[] bccs ={"5@abc.com","6@abc.com"};// 密送
intent.putExtra(Intent.EXTRA_EMAIL, tos);
intent.putExtra(Intent.EXTRA_CC, ccs);
intent.putExtra(Intent.EXTRA_BCC, bccs);
intent.putExtra(Intent.EXTRA_SUBJECT,"Subject");
intent.putExtra(Intent.EXTRA_TEXT,"Hello");
intent.setType("message/rfc822");
startActivity(intent);

//6.显示地图
// 打开 Google 地图中国北京位置（北纬 39.9，东经 116.3）
Uri uri =Uri.parse("geo:39.9,116.3");
Intent intent =newIntent(Intent.ACTION_VIEW, uri);
startActivity(intent);

//7.路径规划
// 路径规划：从北京某地（北纬 39.9，东经 116.3）到上海某地（北纬 31.2，东经 121.4）
Uri uri =Uri.parse("http://maps.google.com/maps?f=d&saddr=39.9 116.3&daddr=31.2 121.4");
Intent intent =newIntent(Intent.ACTION_VIEW, uri);
startActivity(intent);

//8.多媒体播放
Intent intent =newIntent(Intent.ACTION_VIEW);
Uri uri =Uri.parse("file:///sdcard/foo.mp3");
intent.setDataAndType(uri,"audio/mp3");
startActivity(intent);

//获取 SD 卡下所有音频文件,然后播放第一首=-=
Uri uri =Uri.withAppendedPath(MediaStore.Audio.Media.INTERNAL_CONTENT_URI,"1");
Intent intent =newIntent(Intent.ACTION_VIEW, uri);
startActivity(intent);

//9.打开摄像头拍照
// 打开拍照程序
Intent intent =newIntent(MediaStore.ACTION_IMAGE_CAPTURE);
```

```
startActivityForResult(intent,0);
// 取出照片数据
Bundle extras = intent.getExtras();
Bitmap bitmap =(Bitmap) extras.get("data");

//另一种:
//调用系统相机应用程序，并存储拍下来的照片
Intent intent =newIntent(MediaStore.ACTION_IMAGE_CAPTURE);
time =Calendar.getInstance().getTimeInMillis();
intent.putExtra(MediaStore.EXTRA_OUTPUT,Uri.fromFile(newFile(Environment
.getExternalStorageDirectory().getAbsolutePath()+"/tucue", time +".jpg")));
startActivityForResult(intent, ACTIVITY_GET_CAMERA_IMAGE);

//10.获取并剪切图片
// 获取并剪切图片
Intent intent =newIntent(Intent.ACTION_GET_CONTENT);
intent.setType("image/*");
intent.putExtra("crop","true");// 开启剪切
intent.putExtra("aspectX",1);// 剪切的宽高比为 1 ：2
intent.putExtra("aspectY",2);
intent.putExtra("outputX",20);// 保存图片的宽和高
intent.putExtra("outputY",40);
intent.putExtra("output",Uri.fromFile(newFile("/mnt/sdcard/temp")));// 保存路径
intent.putExtra("outputFormat","JPEG");// 返回格式
startActivityForResult(intent,0);
// 剪切特定图片
Intent intent =newIntent("com.android.camera.action.CROP");
intent.setClassName("com.android.camera","com.android.camera.CropImage");
intent.setData(Uri.fromFile(newFile("/mnt/sdcard/temp")));
intent.putExtra("outputX",1);// 剪切的宽高比为 1 ：2
intent.putExtra("outputY",2);
intent.putExtra("aspectX",20);// 保存图片的宽和高
intent.putExtra("aspectY",40);
intent.putExtra("scale",true);
intent.putExtra("noFaceDetection",true);
intent.putExtra("output",Uri.parse("file:///mnt/sdcard/temp"));
startActivityForResult(intent,0);
```

```
//11.打开 Google Market
// 打开 Google Market 直接进入该程序的详细页面
Uri uri =Uri.parse("market://details?id="+"com.demo.app");
Intent intent =newIntent(Intent.ACTION_VIEW, uri);
startActivity(intent);

//12.进入手机设置界面
// 进入无线网络设置界面
Intent intent =newIntent(android.provider.Settings.ACTION_WIRELESS_SETTINGS);
startActivityForResult(intent,0);

//13.安装 apk
Uri installUri =Uri.fromParts("package","xxx",null);
returnIt =newIntent(Intent.ACTION_PACKAGE_ADDED, installUri);

//14.卸载 apk
Uri uri =Uri.fromParts("package", strPackageName,null);
Intent it =newIntent(Intent.ACTION_DELETE, uri);
startActivity(it);

//15.发送附件
Intent it =newIntent(Intent.ACTION_SEND);
it.putExtra(Intent.EXTRA_SUBJECT,"The email subject text");
it.putExtra(Intent.EXTRA_STREAM,"file:///sdcard/eoe.mp3");
sendIntent.setType("audio/mp3");
startActivity(Intent.createChooser(it,"Choose Email Client"));

//16.进入联系人页面
Intent intent =newIntent();
intent.setAction(Intent.ACTION_VIEW);
intent.setData(People.CONTENT_URI);
startActivity(intent);

//17.查看指定联系人
Uri personUri =ContentUris.withAppendedId(People.CONTENT_URI, info.id);//info.id 联系人 id
Intent intent =newIntent();
intent.setAction(Intent.ACTION_VIEW);
intent.setData(personUri);
startActivity(intent);
```

4.2 Intent 的基本使用

本节引言

本节我们要学习的是四大组件间的枢纽——Intent（意图），是 Android 通信的桥梁。比如我们可以通过：

startActivity（Intent）/startActivityForResult（Intent）：来启动一个 Activity；

startService（Intent）/bindService（Intent）：来启动一个 Service；

sendBroadcast：发送广播到指定 BroadcastReceiver。

此外，用户在注册四大组件时，写得比较多的是 Intent-Filter。

4.2.1 显式 Intent 与隐式 Intent 的区别

显式 Intent：通过组件名指定启动的目标组件，比如 startActivity（new Intent（A.this, B.class））；每次启动的组件只有一个。

隐式 Intent：不指定组件名，而指定 Intent 的 Action、Data 或 Category，当用户启动组件时，会去匹配 AndroidManifest.xml 相关组件的 Intent-filter，逐一匹配出满足属性的组件，当不止一个满足时，会弹出一个让用户选择启动哪个的对话框。

4.2.2 Intent 的七个属性

1. ComponentName（组件名称）

ComponentName（组件名称）即目标组件的名称，由组件所在应用程序配置文件中设置的包名 + 组件的全限定类名组成，这是显式的 Intent，激发的组件只有一个。有 setClass()，setClassName()或 setComponent()方法设置使用 getComponent()方法获取

```
ComponentName cn= new ComponentName (OneActivity.this, TwoActivity.class);
Intent it= new Intent ();
it setComponent(on);
```

注：其实上面的代码直接写成：Intent it= new Intent (OneActivity, this, TwoActivity, class); 就可以了，所以上面的写法没什么必要，理解下就可以了。另外说下 Intent 中的两个参数，前者是 Context，上下文，其实就是包名，后面的是要启动的 Activity，由此就确定了包名+类名=全限定类名，从而确定启动的是哪个 Activity。另外可以在第二个 Activity 调用 getIntenty{}.getComponen()方法获得该对象，然后调用 getPackageName()获得包名，getClassName()获得类名。

2. Action（动作）

Action（动作）是一个普通的字符串，代表 Intent 要完成的一个抽象“动作”，比如

发信息的权限，而具体由哪个组件来完成，Intent 并不负责，就是仅仅知道会有这个动作，谁来完成就交给 Intent-filterf 进行筛选了。

要注意的是，在 Java 中的 Action 与 Intent-filter 中的格式是不一样的，比如：

（1）<action android:name="android.intent.action.CALL"/>

（2）intent.setAction (Intent.CALL_ACTION);

3. Category（类别）

Category（类别）同样是普通的字符串，Category 则用于为 Action 提供额外的附加类别信息，两者通常结合使用，一个 Intent 对象只能有一个 Action，但是能有多个 Category。

同样在 Java 与 Intetn-filter 中的格式也是不一样的。

（1）<category android:name="android.intent.category.DEFAULT"/>

（2）intent.addCategorie (Intent.CATEGORY_DEFAULT);

可调用 removeCategory()删除上次添加的种类，也可以用 getCategories()方法获得当前对象所包含的全部种类。

注意：Action 是动作，Category 是类别，为 Action 提供其他附加的信息，其实用得较多的是在 intent-filter 中使用，从而实现隐式的 Intent，系统提供的相关的 Action 与 Category 可以自己查表，在 sdk 的 docs 文档目录中的：reference→android→content→Intent.html。

4. Data（数据）及 Type（MIME 类型）

Data 通常用于向 Action 属性提供操作的数据，接受一个 URI 对象，URI 的格式：scheme://host:port/path。参数依次为：协议头、主机、端口、路径。Type 通常用于指定 Data 所制定的 URI 对应的 MME 类型，比如能够显示图片数据的组建不应该用来播放音频文件，可以是自定义的 MIME 类型，只要符合 abc/xyz 格式的字符串即可。

如果用户在 Java 代码中进行设置，那么这两个属性是会相互覆盖的，如果需要两个属性都有的话，则需调用 setDataAndType()方法进行设置。而在 AndroidManifest.xml 文件中，这两个属性都是存放在 data 标签中的：

```
<data
    android: mineType="Intent 的 Type 属性"
    android: scheme="Data 的 scheme 协议头"
    android: host="Data 的主机号"
    android: port="Data 的端口号"
    android: path="Data 的路径"
    android: pathPrefix="Data 的 path 前段"
    android: pathPattern="Data 属性的 path 的字符串模板"/>
```

5. Extras（额外）

Extras（额外）通常用于多个 Action 之间的数据交换，Extras 属性是一个 Bundle 对象，通过键值对进行数据的存储。

单个变量：intent.putIntExtra(), getputExtra()

Bundle: intent.putExtras(), getExtras()

6. Flags（标记）

Flags（标记）表示不同来源的标记，多数用于只是 Android 如何启动 Activity 以及启动后如何对待，标记都定义在 Inetnt 类中，比如 FLAG_ACTIVITY) SINGLE_TOP:，相当于加载模式中的 single Top 模式，所有标记都是整数类型，前面 Activity 已经予以介绍。

4.2.3 显式 Intent 使用示例

例子：点击按钮跳转到第二个 Activity 界面。

（1）新建一个 module，命名为 IntentDemo。

（2）第一个布局文件 activity_main.xml。

```
<?xml version="1.0" encoding="utf-8"?>
<LinearLayout xmlns:android="http://schemas.android.com/apk/res/android"
    xmlns:app="http://schemas.android.com/apk/res-auto"
    xmlns:tools="http://schemas.android.com/tools"
    android:layout_width="match_parent"
    android:layout_height="match_parent"
    android:orientation="vertical"
    tools:context=".MainActivity">

    <Button
        android:layout_width="match_parent"
        android:layout_height="wrap_content"
        android:text="显式 Intent 跳转到第二个页面"
        android:onClick="gotoSecond"/>

</LinearLayout>
```

（3）第二个布局文件 activity_main2.xml。

```
<?xml version="1.0" encoding="utf-8"?>
<LinearLayout xmlns:android="http://schemas.android.com/apk/res/android"
```

```
    xmlns:app="http://schemas.android.com/apk/res-auto"
    xmlns:tools="http://schemas.android.com/tools"
    android:layout_width="match_parent"
    android:layout_height="match_parent"
    android:orientation="vertical"
    tools:context=".Main2Activity">
    <Button
        android:layout_width="match_parent"
        android:layout_height="wrap_content"
        android:text="显式 Intent 跳转到第三个页面"
        android:onClick="gotoThird"/>

</LinearLayout>
```

（4）第三个布局文件 activity_main3.xml。

```
<?xml version="1.0" encoding="utf-8"?>
<LinearLayout xmlns:android="http://schemas.android.com/apk/res/android"
    xmlns:app="http://schemas.android.com/apk/res-auto"
    xmlns:tools="http://schemas.android.com/tools"
    android:layout_width="match_parent"
    android:layout_height="match_parent"
    android:orientation="vertical"
    tools:context=".Main3Activity">
    <Button
        android:layout_width="match_parent"
        android:layout_height="wrap_content"
        android:text="显式 Intent 跳转到第一个页面"
        android:onClick="gotoFirst"/>

</LinearLayout>
```

（5）第一个页面 MainActivity.java。

```
public class MainActivity extends AppCompatActivity {


    @Override
    protected void onCreate(Bundle savedInstanceState) {
```

```
        super.onCreate(savedInstanceState);
        setContentView(R.layout.activity_main);
    }

    public void gotoSecond(View view) {
        //1. 通过 Intent(Context packageContext, Class<?> cls)构造方法创建 Intent 对象
        //该方法是最常用的，只适用于当前应用，只能启动本应用中的 Activity
        //参数 1：当前上下文环境；参数 2：将要跳转的活动页面
        Intent intent = new Intent(MainActivity.this,Main2Activity.class);
        //启动跳转
        startActivity(intent);
    }
}
```

（6）第二个页面 Main2Activity.java。

```
public class Main2Activity extends AppCompatActivity {

    @Override
    protected void onCreate(Bundle savedInstanceState) {
        super.onCreate(savedInstanceState);
        setContentView(R.layout.activity_main2);
    }

    public void gotoThird(View view) {
        //2. 通过 Intent 的 setComponent()方法
        //创建 Component 对象的方法，常用的是前面三个构造方法
        ComponentName componentName = new ComponentName(this, Main3Activity.class);
        // 或 ComponentName componentName = new ComponentName(this, "com.example.app.
Main3Activity");
        // 或 ComponentName componentName = new ComponentName(this.getPackageName(),
"com.example.app.Main3Activity");
        Intent intent = new Intent();
        intent.setComponent(componentName);
        startActivity(intent);
    }
}
```

（7）第三个页面 Main3Activity.java。

```
public class Main3Activity extends AppCompatActivity {

    @Override
    protected void onCreate(Bundle savedInstanceState) {
        super.onCreate(savedInstanceState);
        setContentView(R.layout.activity_main3);
    }

    public void gotoFirst(View view) {
        //3. 通过 Intent 的 setClass/setClassName 方法
        Intent intent = new Intent();
        intent.setClass(this, MainActivity.class);
        // 或 intent.setClassName(this, "com.example.app.MainActivity");
        // 或 intent.setClassName(this.getPackageName(), "com.example.app.MainActivity");
        startActivity(intent);
    }
}
```

（8）Manifest.xml。

```
<?xml version="1.0" encoding="utf-8"?>
<manifest xmlns:android="http://schemas.android.com/apk/res/android"
    package="hbuas.edu.intentdemo">

    <application
        android:allowBackup="true"
        android:icon="@mipmap/ic_launcher"
        android:label="@string/app_name"
        android:roundIcon="@mipmap/ic_launcher_round"
        android:supportsRtl="true"
        android:theme="@style/AppTheme">
        <activity android:name=".Main2Activity"></activity>
        <activity android:name=".Main3Activity" />
```

```
            <activity android:name=".MainActivity">
                <intent-filter>
                    <action android:name="android.intent.action.MAIN" />

                    <category android:name="android.intent.category.LAUNCHER" />
                </intent-filter>
            </activity>
        </application>

    </manifest>
```

（9）运行效果，见图 4.4。

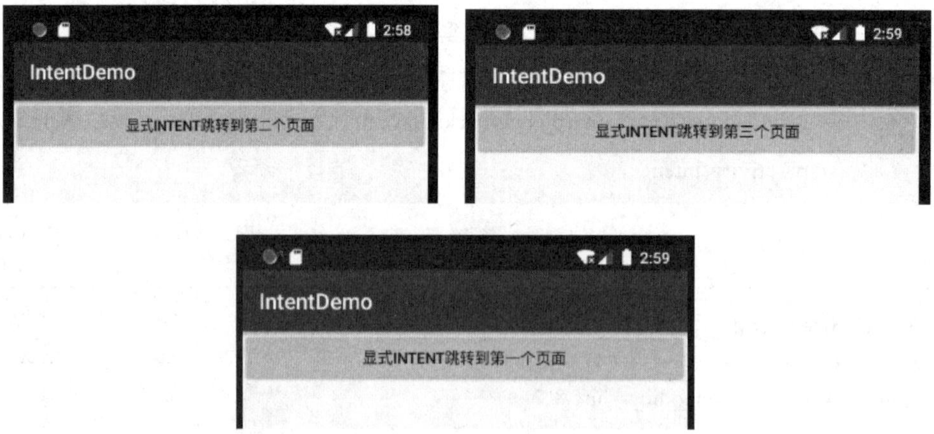

图 4.4

4.2.4 隐式 Intent 详解

通过比较 Intent 对象内容与 Intent-filter 过滤器来实现，主要匹配的是动作、数据（URI 和 MIME）、种类，而 Extras 和 flags 在决定哪个组件时并不起任何作用。

```
<intent-filter>
  <action android: name="com.jay.example.TEST_ACTION"/>
  <category android: name ="com.intent.category.DEFAULT"/>
  <data android: mimeType="video/mpeg"android:scheme="http"…/>
</intent-filter>
```

包含预定义动作的隐式 Intent，是系统提供好的，在 Intent 类中已经定义好。

包含自定义动作的隐式 Intent，开发人员按业务需求自定义的 Action。

1. 预定义动作的隐式 Intent 示例

代码示例：点击按钮后，所有 Action 为 View 的 Activity 被筛选出来，由用户进一步选择。

核心代码：建立第二个 Activity 的布局，与 Activity 对应。在第一个 Activity 的按钮点击事件中添加以下代码：

```
Intent it =newIntent();
it.setAction(Intent.ACTION_VIEW);
startActivity(it);
```

最后在第二个 Activity 的 Intent 中添加以下代码：

```
<activityandroid:name=".SecondActivity"
                android:label="第二个 Activity">
    <intent-filter>
        <actionandroid:name="android.intent.action.VIEW"/>
        <categoryandroid:name="android.intent.category.DEFAULT"/>
    </intent-filter>
</activity>
```

运行效果，见图 4.5。

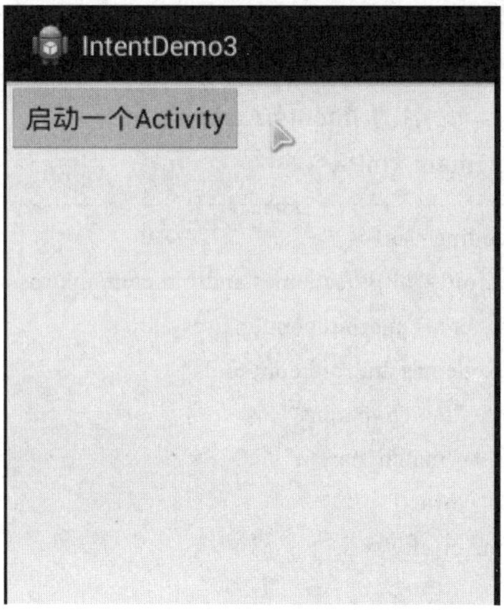

图 4.5

2. 自定义动作的隐式 Intent 示例

代码示例：使用自定义的 Action 与 Category 来激活另一个 Activity。

核心代码：建立第二个 Activity 的布局，与 Activity 对应。在第一个 Activity 的按钮点击事件中添加以下代码：

```
Intent intent =newIntent();
intent.setAction("my_action");
intent.addCategory("my_category");
//分类是默认时，可以不用用户自己添加 Category，因此可以注释掉下面一行,但清单文件里分类必须有
//intent.addCategory(Intent.CATEGORY_DEFAULT);
startActivity(it);
```

最后在第二个 Activity 的 Intent 中添加以下代码：

```
<activityandroid:name=".SecondActivity"
        android:label="第二个 Activity">
    <intent-filter>
        <actionandroid:name="my_action"/>
        <categoryandroid:name="my_category"/>
        <categoryandroid:name="android.intent.category.DEFAULT"/>
    </intent-filter>
</activity>
```

注意：虽然用户自定义了一个 Category，但仍需要把这个默认的加上，不然会报错：

```
<categoryandroid:name="android.intent.category.DEFAULT"/>
```

（1）新建一个 module，命名为 IntentmActionDemo。

（2）布局文件 activity_main.xml。

```
<?xml version="1.0" encoding="utf-8"?>
<LinearLayout xmlns:android="http://schemas.android.com/apk/res/android"
    xmlns:app="http://schemas.android.com/apk/res-auto"
    xmlns:tools="http://schemas.android.com/tools"
    android:layout_width="match_parent"
    android:layout_height="match_parent"
    android:orientation="vertical"
    tools:context=".MainActivity">
    <TextView
        android:layout_width="match_parent"
        android:layout_height="wrap_content"
        android:text="自定义动作的隐式 Intent 示例"
        android:gravity="center"
```

```
        android:textSize="25sp"/>

    <Button
        android:layout_width="match_parent"
        android:layout_height="wrap_content"
        android:text="隐式 Intent 调用其他 Activity"
        android:onClick="openNewActivity"/>

</LinearLayout>
```

（3）MainActivity.java。

```
public class MainActivity extends AppCompatActivity {

    @Override
    protected void onCreate(Bundle savedInstanceState) {
        super.onCreate(savedInstanceState);
        setContentView(R.layout.activity_main);
    }

    public void openNewActivity(View view) {
        Intent intent = new Intent();
        intent.setAction("gaifangzi");
        //分类是默认时，可以不用用户自己添加 Category，因此可以注释掉下面一行,但清
单文件里分类必须有
        //intent.addCategory(Intent.CATEGORY_DEFAULT);
        startActivity(intent);
    }
}
```

（4）在另一个应用的清单文件里增加 Intent 相关代码，本例中第二个 Activity 使用的是应用 TestDemo 中的 LoginActivity（该应用中已新建有一个 LoginActivity），应用 TestDemo 的清单文件 Manifest.xml 如下：

```
<?xml version="1.0" encoding="utf-8"?>
<manifest xmlns:android="http://schemas.android.com/apk/res/android"
    package="cn.edu.hbuas.testdemo">
    <uses-permission android:name="android.permission.INTERNET" />
    <uses-permission android:name="android.permission.WRITE_EXTERNAL_STORAGE" />
    <uses-permission android:name="android.permission.READ_EXTERNAL_STORAGE" />
```

```
        <application
            android:allowBackup="true"
            android:icon="@mipmap/ic_launcher"
            android:label="@string/app_name"
            android:roundIcon="@mipmap/ic_launcher_round"
            android:supportsRtl="true"
            android:theme="@style/AppTheme"
            android:usesCleartextTraffic="true">
            <activity android:name=".LoginActivity">
                <intent-filter>
                    <action android:name="gaifangzi" />
                    <category android:name="android.intent.category.DEFAULT" />
                </intent-filter>
            </activity>
            <activity android:name=".MainActivity">
                <intent-filter>
                    <action android:name="android.intent.action.MAIN" />
                    <category android:name="android.intent.category.LAUNCHER" />
                </intent-filter>
            </activity>
        </application>
    </manifest>
```

（5）先装载（运行）应用 TestDemo，再运行本例应用，效果见图 4.6。

单击按钮后跳转

图 4.6

（6）下面测试有多个应用响应同一个隐式 Intent。打开一个应用并在清单文件里增加 Intent 相关代码，本例中第三个 Activity 使用的是应用 JsonDemo 中的 MainActivity，应用 JsonDemo 的清单文件 Manifest.xml 如下：

```
<?xml version="1.0" encoding="utf-8"?>
<manifest xmlns:android="http://schemas.android.com/apk/res/android"
    package="cn.edu.hbuas.jsondemo">
```

```
    <uses-permission android:name="android.permission.INTERNET" />

    <application
        android:allowBackup="true"
        android:icon="@mipmap/ic_launcher"
        android:label="@string/app_name"

        android:usesCleartextTraffic="true"


        android:roundIcon="@mipmap/ic_launcher_round"
        android:supportsRtl="true"
        android:theme="@style/AppTheme">
        <activity android:name=".MainActivity">
            <intent-filter>
                <action android:name="android.intent.action.MAIN" />

                <category android:name="android.intent.category.LAUNCHER" />
                <action android:name="gaifangzi" />
                <category android:name="android.intent.category.DEFAULT" />
            </intent-filter>
        </activity>
    </application>

</manifest>
```

（7）先装载（运行）应用 TestDemo 和 JsonDemo，再运行本例应用，效果见图 4.7。

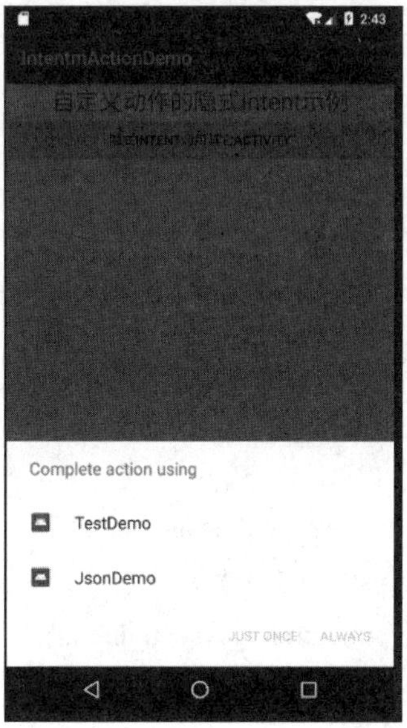

图 4.7

4.2.5 常用系统 Intent 合集

（1）接续上一案例，在本应用中新建一个 Activity，命名为 SystemIntentActivity。

（2）布局文件 activity_systen_intent.xml。

```
<?xml version="1.0" encoding="utf-8"?>
<LinearLayout xmlns:android="http://schemas.android.com/apk/res/android"
    xmlns:app="http://schemas.android.com/apk/res-auto"
    xmlns:tools="http://schemas.android.com/tools"
    android:layout_width="match_parent"
    android:layout_height="match_parent"
    android:orientation="vertical"
    tools:context=".SystemIntentActivity">

    <TextView
        android:layout_width="match_parent"
        android:layout_height="wrap_content"
        android:text="常用系统 Intent"
        android:gravity="center"
        android:textSize="25sp"/>

    <Button
        android:layout_width="match_parent"
        android:layout_height="wrap_content"
        android:text="拨打电话"
        android:onClick="dial"/>

</LinearLayout>
```

（3）SystemIntentActivity.java。

```
public class SystemIntentActivity extends AppCompatActivity {

    @Override
    protected void onCreate(Bundle savedInstanceState) {
        super.onCreate(savedInstanceState);
        setContentView(R.layout.activity_system_intent);
    }
```

```
    public void dial(View view) {
        Intent intent = new Intent();
        //拨打电话
        intent.setAction(Intent.ACTION_DIAL);
        intent.setData(Uri.parse("tel://10086"));
        startActivity(intent);
    }
}
```

（4）本例清单文件 Manifest.xml。

```
<?xml version="1.0" encoding="utf-8"?>
<manifest xmlns:android="http://schemas.android.com/apk/res/android"
    package="cn.edu.hbuas.intentmactiondemo">

    <application
        android:allowBackup="true"
        android:icon="@mipmap/ic_launcher"
        android:label="@string/app_name"
        android:roundIcon="@mipmap/ic_launcher_round"
        android:supportsRtl="true"
        android:theme="@style/AppTheme">
        <activity android:name=".SystemIntentActivity">
            <intent-filter>
                <action android:name="gaifangzi" />
                <category android:name="android.intent.category.DEFAULT" />
            </intent-filter>
        </activity>
        <activity android:name=".MainActivity">
            <intent-filter>
                <action android:name="android.intent.action.MAIN" />
                <category android:name="android.intent.category.LAUNCHER" />
            </intent-filter>
        </activity>
    </application>

</manifest>
```

（5）运行效果，见图 4.8。

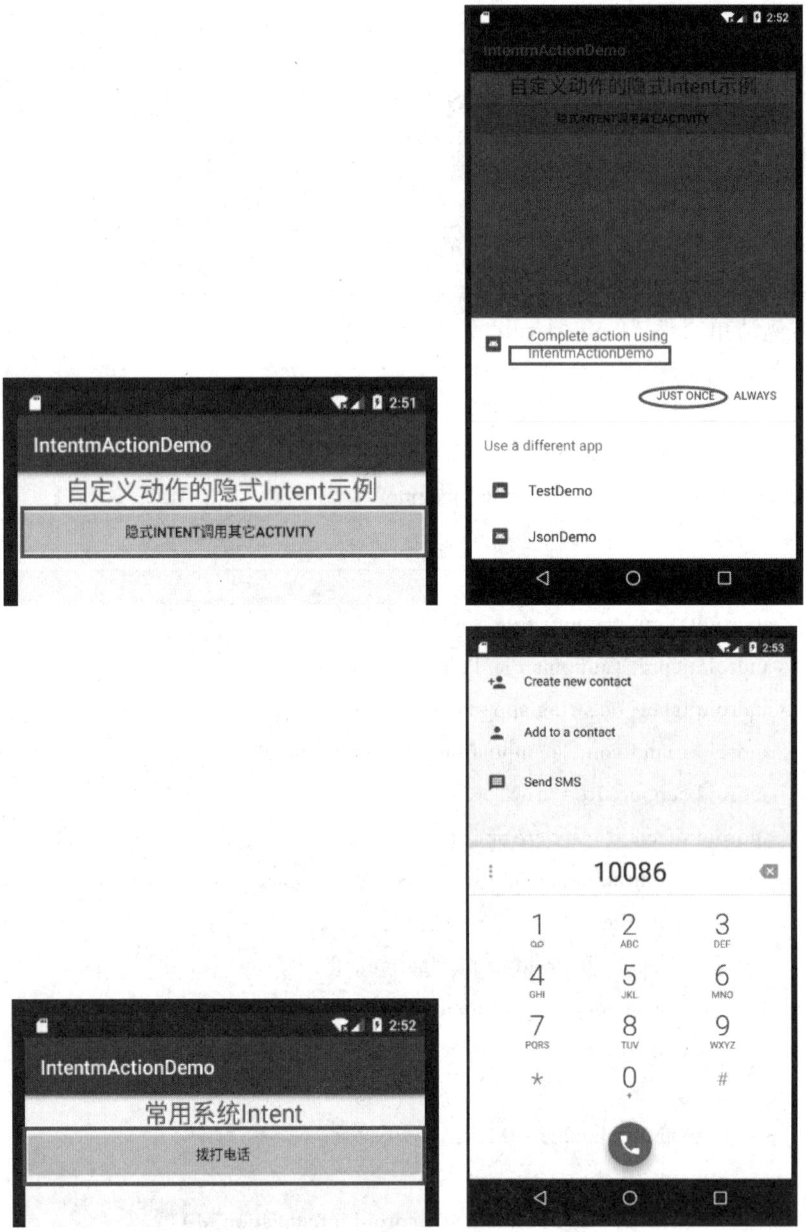

图 4.8

（6）其他系统 Intent 调用 SystemIntentActivity.java 代码。

```
public class SystemIntentActivity extends AppCompatActivity {

    @Override
    protected void onCreate(Bundle savedInstanceState) {
```

```
        super.onCreate(savedInstanceState);
        setContentView(R.layout.activity_system_intent);
    }

    public void dial(View view) {
        Intent intent = new Intent();
        //拨打电话
        intent.setAction(Intent.ACTION_DIAL);
        intent.setData(Uri.parse("tel://10086"));
        startActivity(intent);
    }

    public void sendto(View view) {
        Intent intent = new Intent();
        //发送短信息
        intent.setAction(Intent.ACTION_SENDTO);
        intent.setData(Uri.parse("sms:10086"));
        startActivity(intent);
    }

    public void openWeb(View view) {
        Intent intent = new Intent();
        //打开网页
        intent.setAction(Intent.ACTION_VIEW);
        intent.setData(Uri.parse("http://www.baidu.com"));
        startActivity(intent);
    }

    public void openImage(View view) {
        Intent intent = new Intent();
        //打开图片
        intent.setAction(Intent.ACTION_VIEW);
        intent.setData(Uri.parse("http://e.hiphotos.baidu.com/image/pic/item/4610b912c8fcc3cef70
d70409845d688d53f20f7.jpg"));
        startActivity(intent);
    }
```

```
    public void openMap(View view) {
        Intent intent = new Intent();
        //打开 Google 地图，需要安装 Google 地图软件
        intent.setAction(Intent.ACTION_VIEW);
        intent.setData(Uri.parse("geo://39.9,116.3"));
        startActivity(intent);
    }
}
```

（7）系统 Intent 集合。

```
//================================================================
//1.拨打电话
// 给移动客服 10086 拨打电话
Uri uri =Uri.parse("tel:10086");
Intent intent =newIntent(Intent.ACTION_DIAL, uri);
startActivity(intent);

//================================================================
//2.发送短信
// 给 10086 发送内容为“Hello”的短信
Uri uri =Uri.parse("smsto:10086");
Intent intent =newIntent(Intent.ACTION_SENDTO, uri);
intent.putExtra("sms_body","Hello");
startActivity(intent);

//3.发送彩信（相当于发送带附件的短信）
Intent intent =newIntent(Intent.ACTION_SEND);
Uri uri =Uri.parse("content://media/external/images/media/23");
intent.putExtra(Intent.EXTRA_STREAM, uri);
intent.setType("image/png");
startActivity(intent);

//================================================================
//4.打开浏览器
// 打开百度主页
Uri uri =Uri.parse("http://www.baidu.com");
Intent intent  =newIntent(Intent.ACTION_VIEW, uri);
```

```
startActivity(intent);

//=============================================================

//5.发送电子邮件(需要 Google 服务)
// 给 someone@domain.com 发邮件
Uri uri =Uri.parse("mailto:someone@domain.com");
Intent intent =newIntent(Intent.ACTION_SENDTO, uri);
startActivity(intent);
// 给 someone@domain.com 发邮件发送内容为“Hello”的邮件
Intent intent =newIntent(Intent.ACTION_SEND);
intent.putExtra(Intent.EXTRA_EMAIL,"someone@domain.com");
intent.putExtra(Intent.EXTRA_SUBJECT,"Subject");
intent.putExtra(Intent.EXTRA_TEXT,"Hello");
intent.setType("text/plain");
startActivity(intent);
// 给多人发邮件
Intent intent=newIntent(Intent.ACTION_SEND);
String[] tos ={"1@abc.com","2@abc.com"};// 收件人
String[] ccs ={"3@abc.com","4@abc.com"};// 抄送
String[] bccs ={"5@abc.com","6@abc.com"};// 密送
intent.putExtra(Intent.EXTRA_EMAIL, tos);
intent.putExtra(Intent.EXTRA_CC, ccs);
intent.putExtra(Intent.EXTRA_BCC, bccs);
intent.putExtra(Intent.EXTRA_SUBJECT,"Subject");
intent.putExtra(Intent.EXTRA_TEXT,"Hello");
intent.setType("message/rfc822");
startActivity(intent);

//=============================================================

//6.显示地图
// 打开 Google 地图中国北京位置（北纬 39.9，东经 116.3）
Uri uri =Uri.parse("geo:39.9,116.3");
Intent intent =newIntent(Intent.ACTION_VIEW, uri);
startActivity(intent);

//=============================================================
```

```
//7.路径规划
// 路径规划：从北京某地（北纬 39.9，东经 116.3）到上海某地（北纬 31.2，东经 121.4）
Uri uri =Uri.parse("http://maps.google.com/maps?f=d&saddr=39.9 116.3&daddr=31.2 121.4");
Intent intent =newIntent(Intent.ACTION_VIEW, uri);
startActivity(intent);

//==============================================================

//8.多媒体播放
Intent intent =newIntent(Intent.ACTION_VIEW);
Uri uri =Uri.parse("file:///sdcard/foo.mp3");
intent.setDataAndType(uri,"audio/mp3");
startActivity(intent);

//获取 SD 卡下所有音频文件,然后播放第一首=-=
Uri uri =Uri.withAppendedPath(MediaStore.Audio.Media.INTERNAL_CONTENT_URI,"1");
Intent intent =newIntent(Intent.ACTION_VIEW, uri);
startActivity(intent);

//==============================================================

//9.打开摄像头拍照
// 打开拍照程序
Intent intent =newIntent(MediaStore.ACTION_IMAGE_CAPTURE);
startActivityForResult(intent,0);
// 取出照片数据
Bundle extras = intent.getExtras();
Bitmap bitmap =(Bitmap) extras.get("data");

//另一种:
//调用系统相机应用程序，并存储拍下来的照片
Intent intent =newIntent(MediaStore.ACTION_IMAGE_CAPTURE);
time =Calendar.getInstance().getTimeInMillis();
intent.putExtra(MediaStore.EXTRA_OUTPUT,Uri.fromFile(newFile(Environment.
getExternalStorageDirectory().getAbsolutePath()+"/tucue", time +".jpg")));
startActivityForResult(intent, ACTIVITY_GET_CAMERA_IMAGE);

//==============================================================
```

```
//10.获取并剪切图片
// 获取并剪切图片
Intent intent =newIntent(Intent.ACTION_GET_CONTENT);
intent.setType("image/*");
intent.putExtra("crop","true");// 开启剪切
intent.putExtra("aspectX",1);// 剪切的宽高比为 1 ∶ 2
intent.putExtra("aspectY",2);
intent.putExtra("outputX",20);// 保存图片的宽和高
intent.putExtra("outputY",40);
intent.putExtra("output",Uri.fromFile(newFile("/mnt/sdcard/temp")));// 保存路径
intent.putExtra("outputFormat","JPEG");// 返回格式
startActivityForResult(intent,0);
// 剪切特定图片
Intent intent =newIntent("com.android.camera.action.CROP");
intent.setClassName("com.android.camera","com.android.camera.CropImage");
intent.setData(Uri.fromFile(newFile("/mnt/sdcard/temp")));
intent.putExtra("outputX",1);// 剪切的宽高比为 1 ∶ 2
intent.putExtra("outputY",2);
intent.putExtra("aspectX",20);// 保存图片的宽和高
intent.putExtra("aspectY",40);
intent.putExtra("scale",true);
intent.putExtra("noFaceDetection",true);
intent.putExtra("output",Uri.parse("file:///mnt/sdcard/temp"));
startActivityForResult(intent,0);

//==========================================================================

//11.打开 Google Market
// 打开 Google Market 直接进入该程序的详细页面
Uri uri =Uri.parse("market://details?id="+"com.demo.app");
Intent intent =newIntent(Intent.ACTION_VIEW, uri);
startActivity(intent);

//==========================================================================

//12.进入手机设置界面
// 进入无线网络设置界面
Intent intent =newIntent(android.provider.Settings.ACTION_WIRELESS_SETTINGS);
startActivityForResult(intent,0);
```

```
//=============================================================

//13.安装 apk
Uri installUri =Uri.fromParts("package","xxx",null);
returnIt =newIntent(Intent.ACTION_PACKAGE_ADDED, installUri);

//=============================================================

//14.卸载 apk
Uri uri =Uri.fromParts("package", strPackageName,null);
Intent it =newIntent(Intent.ACTION_DELETE, uri);
startActivity(it);

//=============================================================

//15.发送附件
Intent it =newIntent(Intent.ACTION_SEND);
it.putExtra(Intent.EXTRA_SUBJECT,"The email subject text");
it.putExtra(Intent.EXTRA_STREAM,"file:///sdcard/eoe.mp3");
sendIntent.setType("audio/mp3");
startActivity(Intent.createChooser(it,"Choose Email Client"));

//=============================================================

//16.进入联系人页面
Intent intent =newIntent();
intent.setAction(Intent.ACTION_VIEW);
intent.setData(People.CONTENT_URI);
startActivity(intent);

//=============================================================

//17.查看指定联系人
Uri personUri =ContentUris.withAppendedId(People.CONTENT_URI, info.id);//info.id 联系人 ID
Intent intent =newIntent();
intent.setAction(Intent.ACTION_VIEW);
intent.setData(personUri);
startActivity(intent);
```

```
//==========================================================

//18.调用系统编辑添加联系人（高版本 SDK 有效）
Intent it = newIntent(Intent.ACTION_INSERT_OR_EDIT);
it.setType("vnd.android.cursor.item/contact");
//it.setType(Contacts.CONTENT_ITEM_TYPE);
it.putExtra("name","myName");
it.putExtra(android.provider.Contacts.Intents.Insert.COMPANY,"organization");
it.putExtra(android.provider.Contacts.Intents.Insert.EMAIL,"email");
it.putExtra(android.provider.Contacts.Intents.Insert.PHONE,"homePhone");
it.putExtra(android.provider.Contacts.Intents.Insert.SECONDARY_PHONE,"mobilePhone");
it.putExtra( android.provider.Contacts.Intents.Insert.TERTIARY_PHONE,"workPhone");
it.putExtra(android.provider.Contacts.Intents.Insert.JOB_TITLE,"title");
startActivity(it);

//==========================================================

//19.调用系统编辑添加联系人（全有效）
Intent intent = newIntent(Intent.ACTION_INSERT_OR_EDIT);
intent.setType(People.CONTENT_ITEM_TYPE);
intent.putExtra(Contacts.Intents.Insert.NAME,"My Name");
intent.putExtra(Contacts.Intents.Insert.PHONE,"+1234567890");
intent.putExtra(Contacts.Intents.Insert.PHONE_TYPE,Contacts.PhonesColumns.TYPE_MOBILE);
intent.putExtra(Contacts.Intents.Insert.EMAIL,"com@com.com");
intent.putExtra(Contacts.Intents.Insert.EMAIL_TYPE,Contacts.ContactMethodsColumns.TYPE_
WORK);
startActivity(intent);

//==========================================================

//20.打开另一程序
Intent i =newIntent();
ComponentName cn =newComponentName("com.example.jay.test",
"com.example.jay.test.MainActivity");
i.setComponent(cn);
i.setAction("android.intent.action.MAIN");
startActivityForResult(i, RESULT_OK);
```

```
//=============================================================

//21.打开录音机
Intent mi =newIntent(Media.RECORD_SOUND_ACTION);
startActivity(mi);

//=============================================================

//22.从 Google 搜索内容
Intent intent =newIntent();
intent.setAction(Intent.ACTION_WEB_SEARCH);
intent.putExtra(SearchManager.QUERY,"searchString")
startActivity(intent);

//=============================================================
```

4.3 ContentProvider 初探

本节引言

本节给大家介绍的是 Android 四大组件中的最后一个——ContentProvider（内容提供者），可能部分读者有疑问，“Android 不是有五大组件的吗？还有个 Intent 呢？”Intent 虽然也很重要，但是它只是维系这几个组件间的纽带。我们什么时候会用到 ContentProvider 呢？有下面这两种情况：

（1）用户若想在自己的应用中访问别的应用，或者是通过 ContentProvider 暴露一些数据，比如手机联系人、短信等。用户想对这些应用或数据进行读取或修改，就需用到 ContentProvider。

（2）用户自己的应用，如用户想把自己的一些数据暴露出来给其他的应用进行读取或操作，也需要用到 ContentProvider。另外，用户可以选择性地暴露数据，就可有效避免隐私数据的泄露。

本节介绍 ContentProvder 的概念，给大家展示几个常见使用 ContentProvider 的示例，以及如何自定义 ContentProvider。

4.3.1 ContentProvider 概念讲解

1. ContentProvider 的概述

当用户想允许自己应用的数据被别的应用进行读取操作，可以让 App 实现 ContentProvider 类，同时注册一个 URI，然后其他应用只要使用 ContentProvider 根据 URI 即可操作 App 中的数据了。而数据不一定是数据库，也可能是文件，xml 或者其他，但是 SharedPreference 使用基于数据库模型的简单表格来提供其中的数据。

2. ContentProvider 的执行原理（见图 4.9）

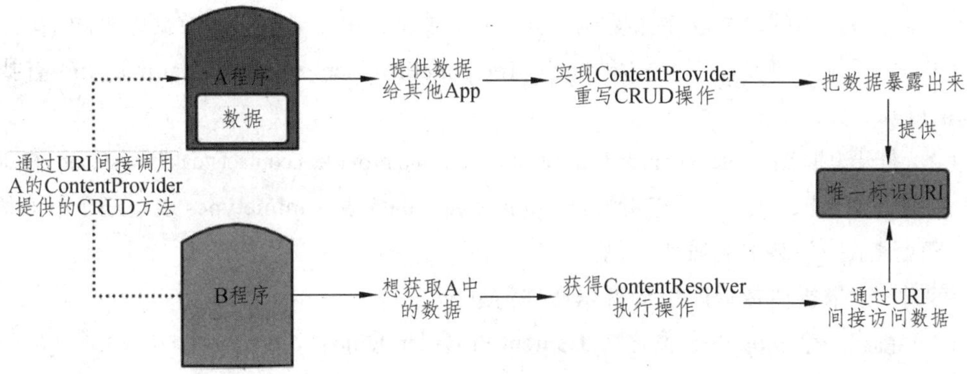

图 4.9

3. URI 简介

URI 中文名叫作统一资深标识符。通常在浏览器地址栏中使用的 URL 是 URI 的子集，URL 中文名叫作统一资源定位符，因此 URI 也可以认为是定位资源的。在本节 ContentProvider 中，URI 非常重要，下面分析一个简单的例子：

content://cn. edu hbuas. providers. myprovider/ word/2

content：协议头，这个是规定的，就像 http.ftp 等一样是规定的，而 ContentProvider 规定的是以 content 开头，接着是 provide 所在的权限定类名。

word：代表资源部分，如果想访问 word 所有资源，后面的 2 就不用写了，直接写成 word。

2：即访问的是 word 资源中 id 为 2 的记录。

4. 附　加

当然，上面也说过数据不仅仅来自数据库，有时也来源于文件，xml 或者网络等其他存储方式。但是依旧可以使用上面这种 URI 定义方式，比如当表示的是 xml 文件时：~word/detall 表示 word 节点下的 detail 结点。另外，URI 还提供一个 Parse()方法将字符串转换为 URI，例如：Uri uri= Uri parese ("Content://")。

4.3.2　使用系统提供的 ContentProvider

通常用户用到的 ContentProvider 并不是自己暴露的数据，更多的是通过 ContentResolver 来读取其他应用的信息，而最常用的莫过于读取系统 App、信息、联系人、多媒体信息等。如果想调用这些数据，ContentProvider 就需要自行查阅相关的 API 资料。另外，不同的版本可能对应着不同的 URL。

下面以最常用的读取联系人为例，介绍如何获取 URL 与对应的数据库表的字段。

（1）到系统源码文件下：all-src.rar→TeleponeProvider→AndroidManifest.xml 查找对应的 API。

（2）打开模拟器的 file exploer/data/data/com.android.providers.contacts/databases/contact2.db，导出后使用 SQLite 图形工具查看 raw_contact 表、data 表、mimetypes 表这三个核心表。

下面演示一些基本的操作示例。

案例：读取媒体数据库里的音乐文件信息。

（1）新建一个 module，命名为 Content ProviderDemo。

（2）API 19 以前的模拟器（API 17、API 18 测试通过）可以通过 DDMS 导入音乐文件到模拟器，见图 4.10。

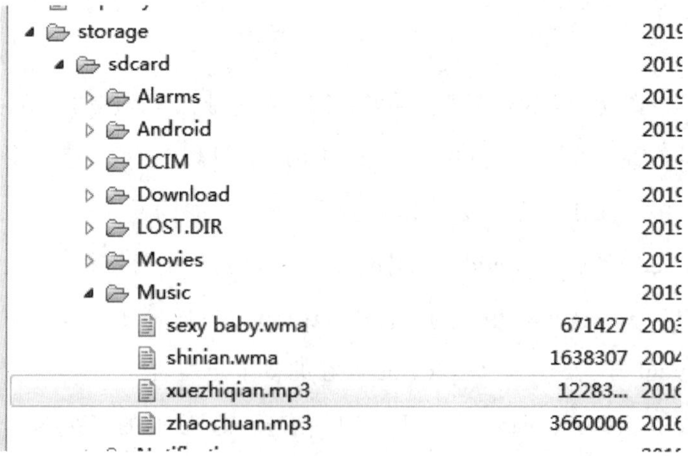

图 4.10

再通过模拟器自带的媒体扫描器把媒体文件扫描入库，见图 4.11。

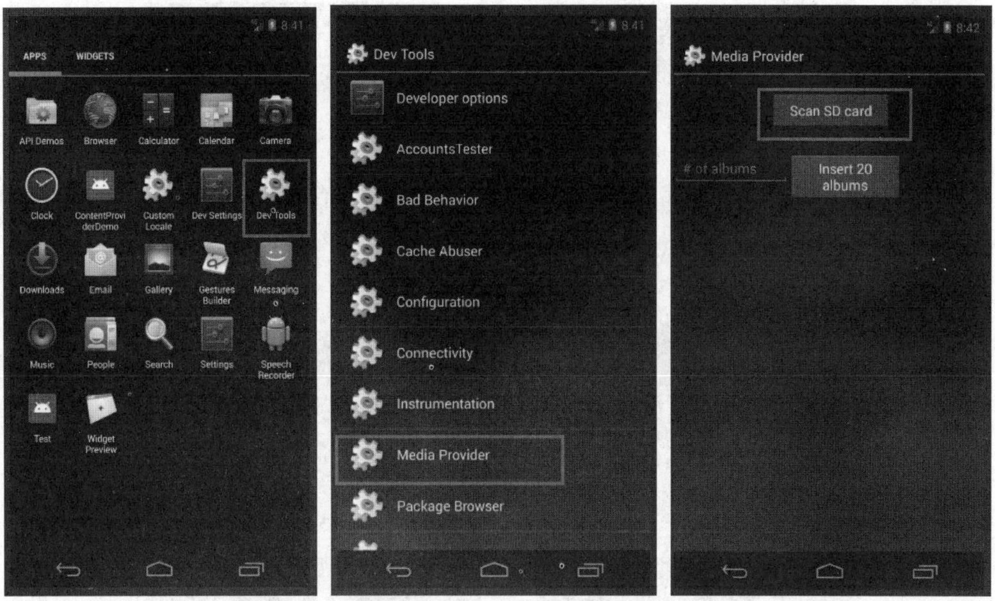

图 4.11

完成后可以使用模拟器自带的 music 播放器检查一下，见图 4.12。

图 4.12

可以看到 mp3 已经识别，但 wma 文件未能识别。

（3）API 19 之后的模拟器比较麻烦，使用 DDMS 导入文件后，模拟器无法触发扫描，可使用模拟器自带的浏览器访问 QQ 邮箱，从邮件附件里下载媒体文件（API 19、API 21、API 22 测试通过），见图 4.13。

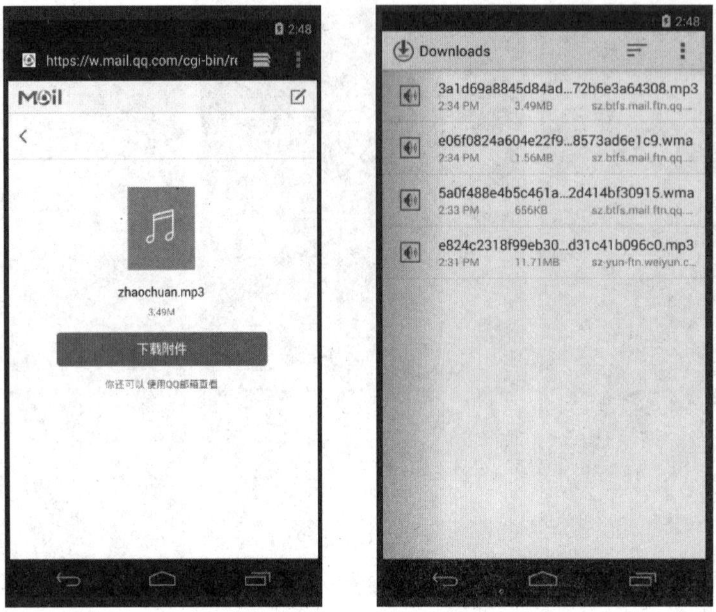

图 4.13

使用 music 测试效果，见图 4.14。

图 4.14

可以看到仍然只有 mp3 被识别。

（4）布局文件 activity_main.xml。

```
<?xml version="1.0" encoding="utf-8"?>
<LinearLayout xmlns:android="http://schemas.android.com/apk/res/android"
```

```
    xmlns:app="http://schemas.android.com/apk/res-auto"
    xmlns:tools="http://schemas.android.com/tools"
    android:layout_width="match_parent"
    android:layout_height="match_parent"
    android:orientation="vertical"
    tools:context=".MainActivity">
    <Button
        android:layout_width="match_parent"
        android:layout_height="wrap_content"
        android:text="获取音乐信息"
        android:onClick="getMusic"/>
</LinearLayout>
```

（5）AndroidManifest.xml。

```
<?xml version="1.0" encoding="utf-8"?>
<manifest xmlns:android="http://schemas.android.com/apk/res/android"
    package="cn.edu.hbuas.contentproviderdemo">

    <uses-permission android:name="android.permission.READ_EXTERNAL_STORAGE" />
    <uses-permission android:name="android.permission.WRITE_EXTERNAL_STORAGE" />
    <application
        android:allowBackup="true"
        android:icon="@mipmap/ic_launcher"
        android:label="@string/app_name"
        android:roundIcon="@mipmap/ic_launcher_round"
        android:supportsRtl="true"
        android:theme="@style/AppTheme">
        <activity android:name=".MainActivity">
            <intent-filter>
                <action android:name="android.intent.action.MAIN" />

                <category android:name="android.intent.category.LAUNCHER" />
            </intent-filter>
        </activity>
    </application>

</manifest>
```

（6）MainActivity.java。

```
public class MainActivity extends AppCompatActivity {

    @Override
    protected void onCreate(Bundle savedInstanceState) {
        super.onCreate(savedInstanceState);
        setContentView(R.layout.activity_main);
    }

    public void getMusic(View view) {
        Uri uri = MediaStore.Audio.Media.EXTERNAL_CONTENT_URI;
        ContentResolver resolver = getContentResolver();
        Cursor cursor = resolver.query(uri,null,null,null,null);
        String str="";
        int j=1;
        while (cursor.moveToNext()){
            str +="演唱者"+ j+":";
            str += cursor.getString(cursor.getColumnIndex(MediaStore.Audio.Media.ARTIST));
            str += ";";
            j++;
        }
        cursor.close();
        Toast.makeText(this,str,Toast.LENGTH_SHORT).show();
    }
}
```

（7）运行效果，见图 4.15。

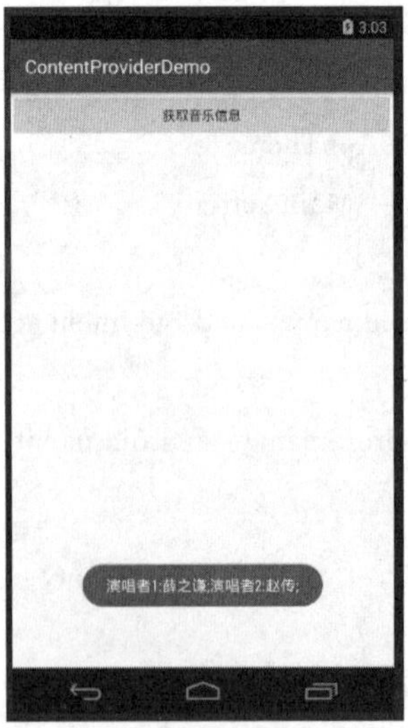

图 4.15

（8）Android 6.0（API 23）之后谷歌发布了 App Permissions（软件权限管理）。在 Android 6.0 中，Android 系统加入了软件管理权限。用户用起来是放心了很多，但对于开发者，需要在编程的过程中多做一些工作。在 Android 中，如果在 App 中的 AndroidManifest.xml 中没有声明软件的权限，App 就没权限去做相应的事，这是众所周知的。但是在 Android 6.0 后，有些权限即使用户在 AndroidManifest.xml 文件中添加了声明，也还是会报 java.lang.SecurityException 异常。因为这个时候用户可能已申请了 Dangerous Permissions（危险权限）。危险权限包括应用需要涉及用户隐私信息的数据或资源，或者可能对用户存储的数据或其他应用的操作产生影响的区域。例如，读取用户联系人的权限就属于危险权限。对于危险权限首先要在 AndroidManifest.xml 中先声明，还需要在 App 运行时进一步授权，以外部存储为例，需要在 MainActivity.java 中增加如下方法：

```
public void requestPower() {
    //判断是否已经赋予权限
        if (ContextCompat.checkSelfPermission(this,
                Manifest.permission.权限字符)
                != PackageManager.PERMISSION_GRANTED) {
            //如果应用之前请求过此权限但用户拒绝了请求，此方法将返回 true。
            if (ActivityCompat.shouldShowRequestPermissionRationale(this,
                    Manifest.permission.权限字符)) {//这里可以写个对话框之类的向用户
解释为什么要申请权限，并按对话框的确认键后再次申请权限。它在用户选择"不再询问"的情况
下返回 false
            } else {
            //申请权限，字符串数组内是一个或多个要申请的权限，1 是申请权限结果的返
回参数
                ActivityCompat.requestPermissions(this,
                        new String[]{Manifest.permission.权限字符,}, 1);
            }
        }
    }
```

（9）实际代码 MainActivity.java。

```
public class MainActivity extends AppCompatActivity {

    @Override
    protected void onCreate(Bundle savedInstanceState) {
        super.onCreate(savedInstanceState);
```

```
        setContentView(R.layout.activity_main);
    }

    public void getMusic(View view) {
        requestAllPower();
        Uri uri = MediaStore.Audio.Media.EXTERNAL_CONTENT_URI;
        ContentResolver resolver = getContentResolver();
        Cursor cursor = resolver.query(uri,null,null,null,null);
        String str="ABC";
        int j=1;
        while (cursor.moveToNext()){
            str +="演唱者"+ j+":";
            str += cursor.getString(cursor.getColumnIndex(MediaStore.Audio.Media.ARTIST));
            str += ";";
            j++;
        }
        cursor.close();
        Toast.makeText(this,str,Toast.LENGTH_SHORT).show();
    }
    //动态申请 WRITE_EXTERNAL_STORAGE 权限
    public void requestAllPower() {
        if (ContextCompat.checkSelfPermission(this,
                Manifest.permission.WRITE_EXTERNAL_STORAGE)
                != PackageManager.PERMISSION_GRANTED) {
            if (ActivityCompat.shouldShowRequestPermissionRationale(this,
                    Manifest.permission.WRITE_EXTERNAL_STORAGE)) {
            } else {
                ActivityCompat.requestPermissions(this,
                        new String[]{Manifest.permission.WRITE_EXTERNAL_STORAGE,
                                Manifest.permission.WRITE_EXTERNAL_STORAGE}, 1);
            }
        }
    }
}
```

（10）API 23 以后在使用类似模拟器自带的浏览器下载文件时，还需要打开 APP 的存储权限，否则也会报错。

（11）运行效果，见图 4.16。

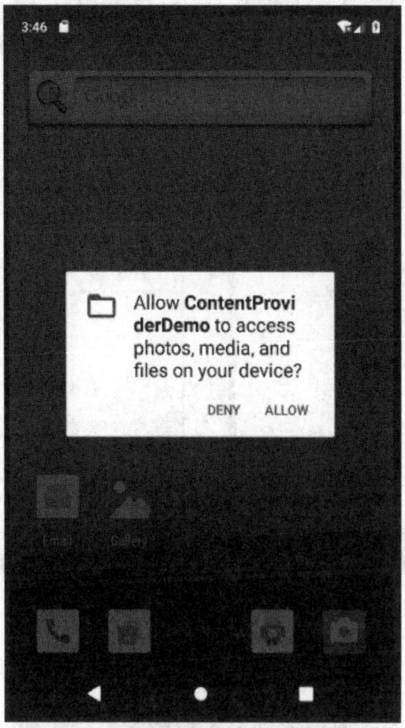

图 4.16

第一遍运行时弹出上图界面，只需单击 ALLOW 即可。

接着需要设置浏览器的存储权限，见图 4.17。

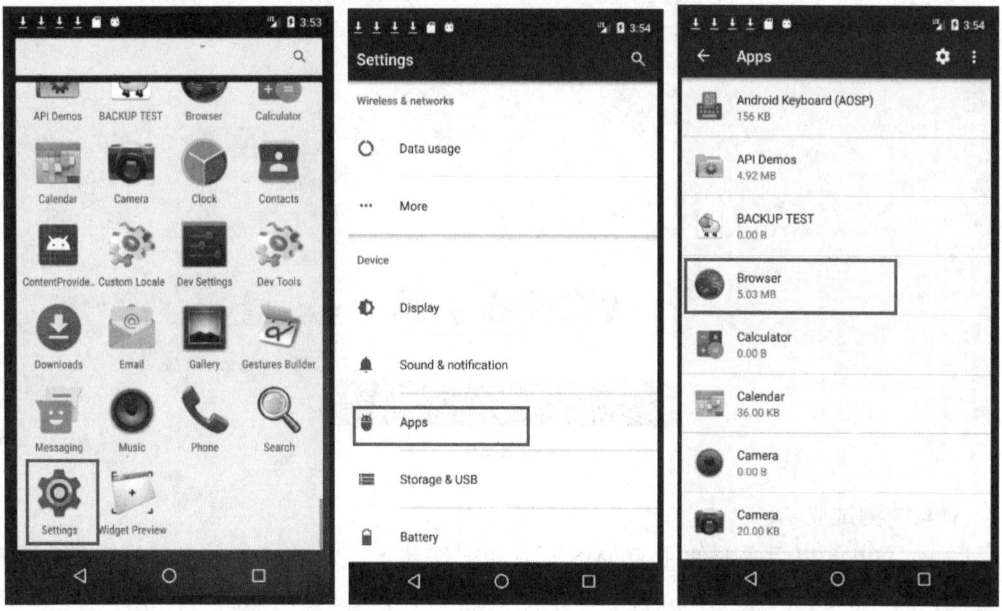

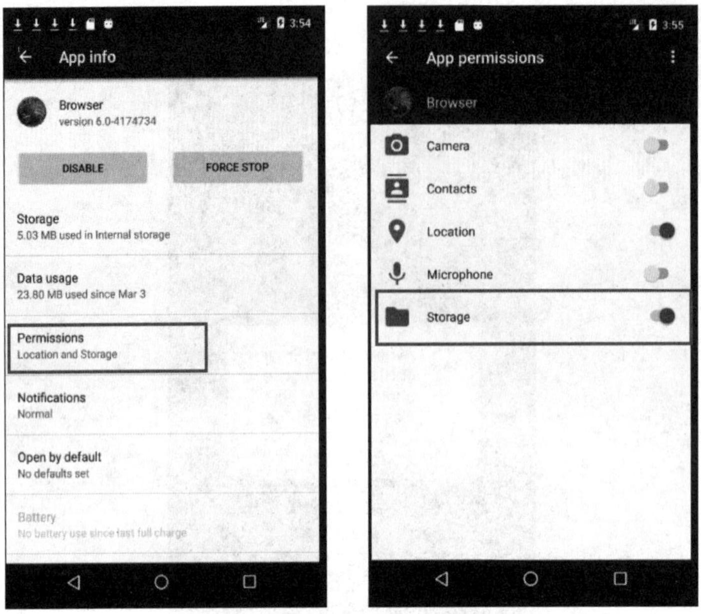

图 4.17

接着参照 API 22 的方法下载音乐文件到模拟器，最终运行效果，见图 4.18。

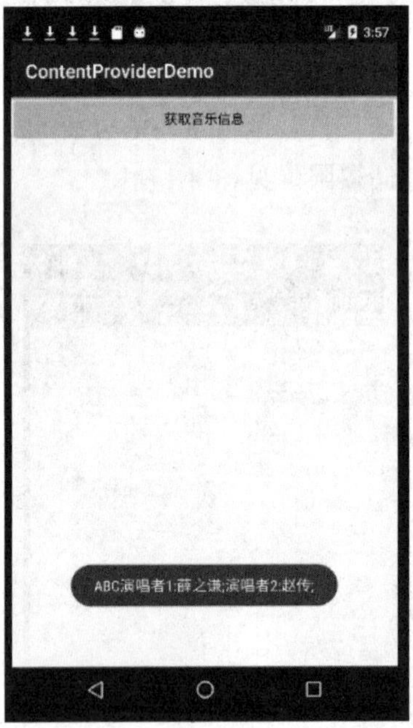

图 4.18

API 23 测试成功。

（12）API 24 以后需要使用 DDMS 把音频文件导入，先到 platform-tools 文件夹下执行 cmd，执行 abd root 获得 root 权限，再进入 DDMS 导入文件到如图 4.19 所示位置（API 24，API 25 测试通过），不要直接导入 Music 文件夹，否则模拟器无法扫描到该文件。

图 4.19

使用模拟器的 Download 对导入文件进行复制或移动操作，见图 4.20。

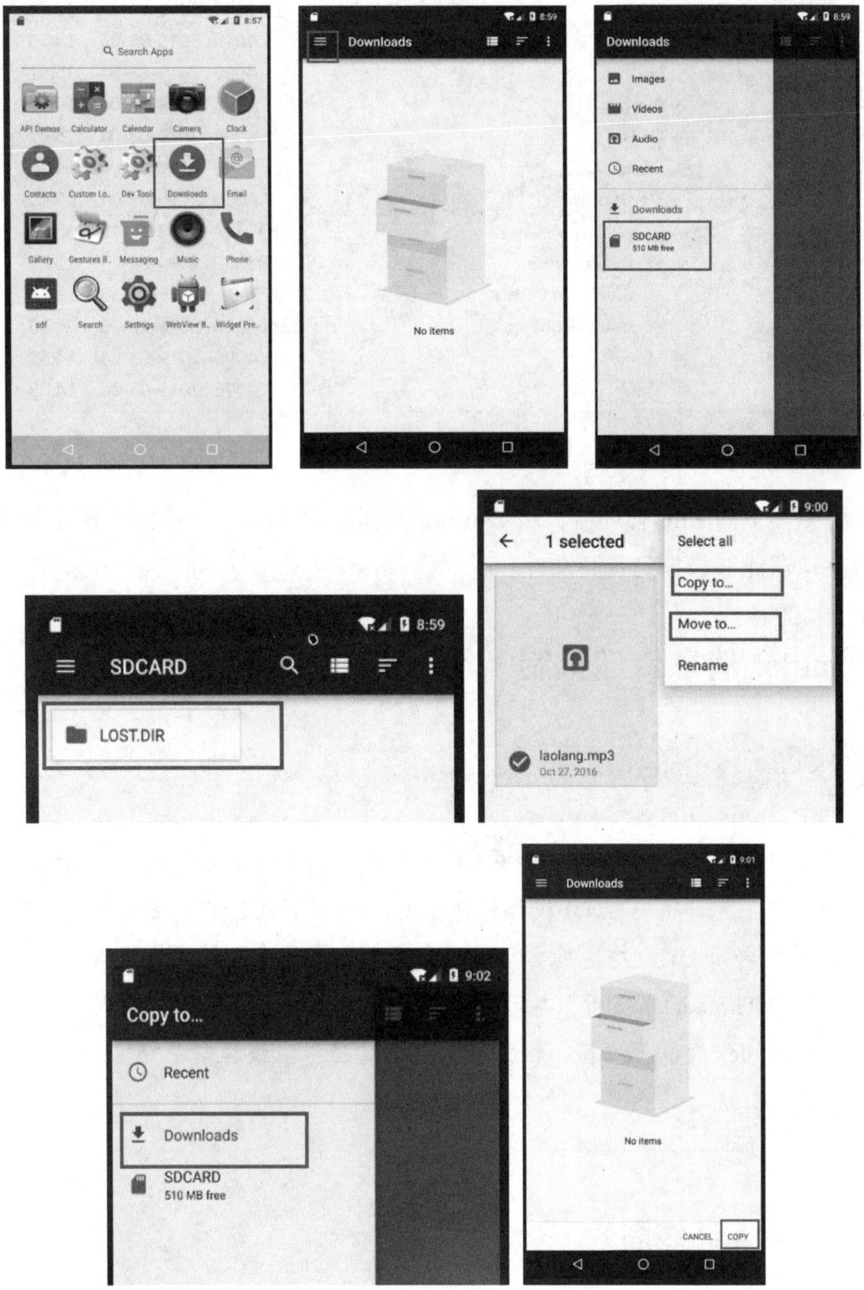

图 4.20

Download 文件夹下出现文件模拟器会自动完成媒体文件的扫描。

（13）API 26 以后使用 DDMS 把音频文件导入到如图 4.21 所示位置（API 26，API 27，API 28 测试成功），不要直接导入 Music 文件夹，否则模拟器无法扫描到该文件。

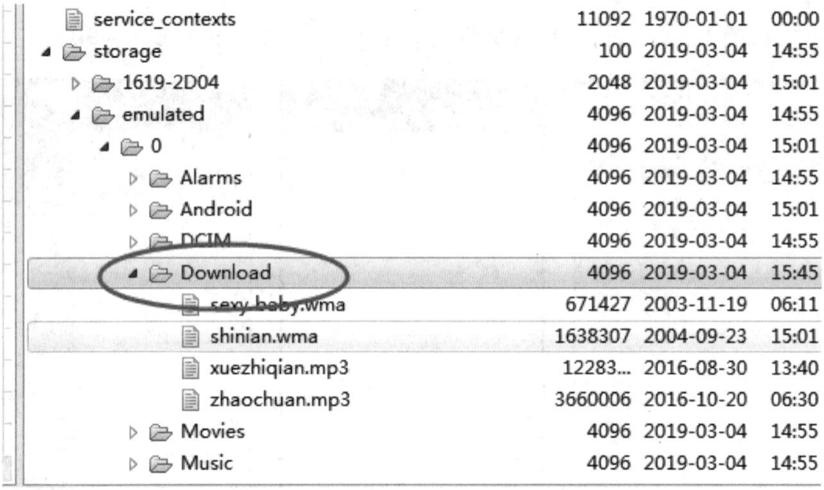

图 4.21

运行模拟器上的 File 管理器，从 Download 移动到 Music 文件夹（其他文件夹也可以）使得模拟器能够扫描到音频文件。

4.4 Handler 消息传递机制

本节引言

本节给大家介绍的是 Activity 中 UI 组件中的信息传递 Handler。Android 为了线程安全，并不允许用户在 UI 线程外操作 UI。很多时候用户做界面刷新都需要通过 Handler 来通知 UI 组件进行更新。除了用 Handler 完成界面的更新外，还可以使用 runOnUiThread()来更新，甚至更高级的事务总线。本节我们主要讲解什么是 Handler，Handler 的执行流程，相关方法，子线程与主线程中中使用 Handler 的区别等内容。

4.4.1 学习路线图

Handler 消息的传递机制见图 4.22。

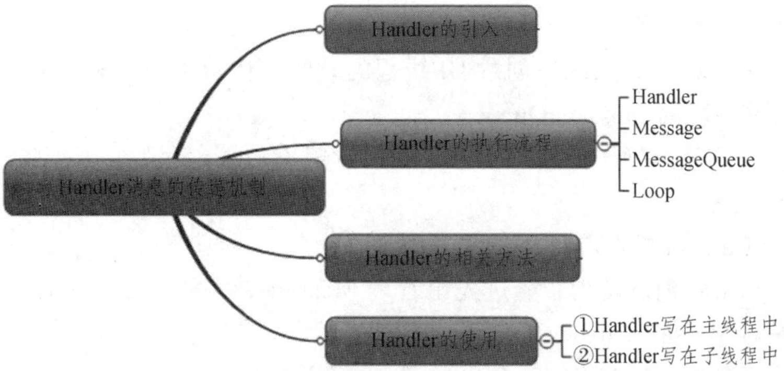

图 4.22

4.4.2 Handler 类的引入

图 4.23 向用户简单明了地介绍了何时引入 Handler 类。

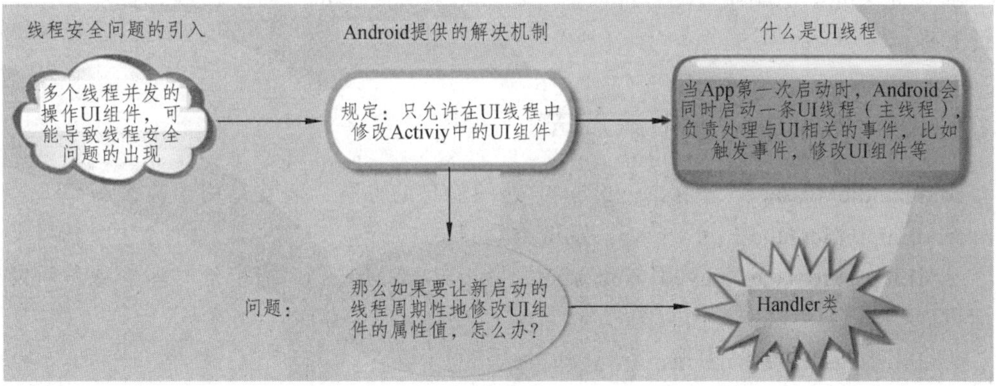

图 4.23

4.4.3 Handler 的执行流程

Handler 的执行流程见图 4.24。

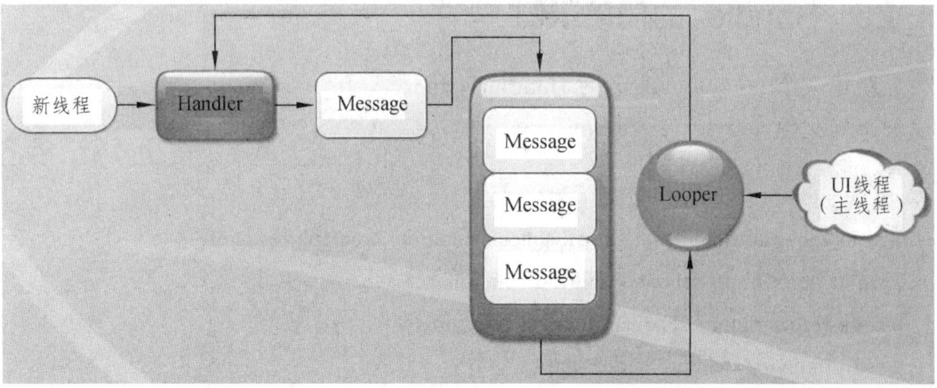

图 4.24

流程图相关名词的解析如下：

UI 线程：是主线程，系统在创建 UI 线程的时候会初始化一个 Looper 对象，同时也会创建一个与其关联的 MessageQueue。

Handler：作用就是发送与处理信息，如果希望 Handler 正常工作，在当前线程中要有一个 Looper 对象。

Message：Handler 接收与处理的消息对象。

MessageQueue：消息队列，先进先出管理 Message，在初始化 Looper 对象时会创建一个与之关联的 MessageQueue。

Looper：每个线程只能够有一个 Looper，管理 MessageQueue，不断地从中取出 Message 分发给对应的 Handler 处理。

简单点说：

当子线程想修改 Activity 中的 UI 组件时，用户可以新建一个 Handler 对象，通过这个对象向主线程发送信息；而发送的信息会先到主线程的 MessageQueue 进行等待，由 Looper 按先入先出的顺序取出，再根据 Message 对象的 What 属性分发给对应的 Handler 进行处理。

4.4.4 Handler 的相关方法

void handleMessage（Message msg）：处理消息的方法，通常是用于被重写。

sendEmptyMessage（int what）：发送空消息。

sendEmptyMessageDelayed（int what，long delayMillis）：指定延时多少毫秒后发送空信息。

sendMessage（Message msg）：立即发送信息。

sendMessageDelayed（Message msg，long delayMillis）：指定延时多少毫秒后发送信息。

final boolean hasMessage（int what）：检查消息队列中是否包含 What 属性为指定值的消息如果参数为（int what，Object object），除了判断 What 属性，还需要判断 Object 属性是否为指定对象的消息。

4.4.5 Handler 的使用示例

（1）新建一个 module，命名为 HandlerDemo。

（2）布局文件 activity_main.xml。

```
<?xml version="1.0" encoding="utf-8"?>
<LinearLayout xmlns:android="http://schemas.android.com/apk/res/android"
    xmlns:app="http://schemas.android.com/apk/res-auto"
    xmlns:tools="http://schemas.android.com/tools"
    android:layout_width="match_parent"
    android:layout_height="match_parent"
```

```
    android:orientation="vertical"
    tools:context=".MainActivity">

    <Button
        android:layout_width="match_parent"
        android:layout_height="wrap_content"
        android:onClick="heavyWork"
        android:text="触发耗时操作"/>
    <Button
        android:layout_width="match_parent"
        android:layout_height="wrap_content"
        android:text="一个测试按钮"/>
    <TextView
        android:id="@+id/textView"
        android:layout_width="match_parent"
        android:layout_height="wrap_content"
        android:hint="显示回传数据"/>

</LinearLayout>
```

（3）MainActivity.java。

```
public class MainActivity extends AppCompatActivity {
    TextView textView;
    int i=0;      //定义 i 为全局变量

    @Override
    protected void onCreate(Bundle savedInstanceState) {
        super.onCreate(savedInstanceState);
        setContentView(R.layout.activity_main);
        textView=findViewById(R.id.textView);
    }

    MyHandler handler = new MyHandler();
    public void heavyWork(View view) {
        new Thread(){
            public void run(){
                while (i<100){
```

```
                    i++;
                    //更新 UI，Handler 发消息给 MessageQueue，MQ
                    handler.sendEmptyMessage(i);
                    //1. 创建一个 Message 对象，其中 Message 对象上的 What 属性值即为 i
                    //2. 发送消息
                    try {
                        Thread.sleep(500);
                    } catch (InterruptedException e) {
                        e.printStackTrace();
                    }
                }
            }
        }.start();
    }
    class MyHandler extends Handler{
        //这个回调方法，会在 UI 线程中被调用
        @Override
        public void handleMessage(Message msg) {
            super.handleMessage(msg);
            //能够从 Message 获得 i 的值
            int j = msg.what;
            textView.setText(""+j);
        }
    }
}
```

（4）运行效果，见图 4.25。

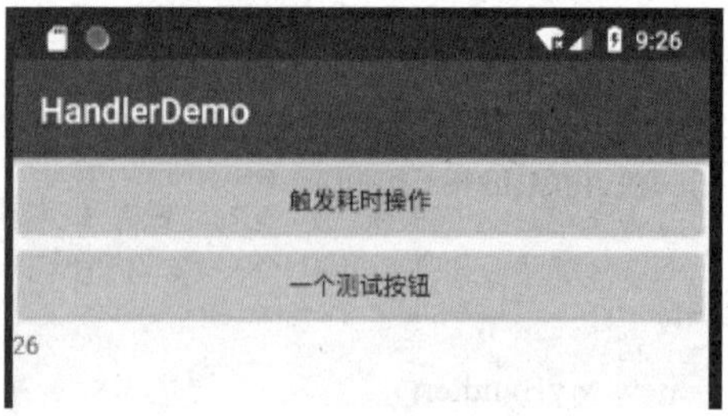

图 4.25

（5）第一个案例通过 handler.sendEmptyMessage（i）可以传递 1 个 int 类型的数据，如果需要传递多个（最多可以传递 3 个）int 类型数据，可以用 Message 对象，使用 handler.sendMessage（message）方法进行传递，参考代码 MainActivity.java 如下：

```
public class MainActivity extends AppCompatActivity {
    TextView textView;
    int i=0;     //定义 i 为全局变量，作为测试传递的数据 1
    int j=10;     //定义 j 为全局变量，作为测试传递的数据 2

    @Override
    protected void onCreate(Bundle savedInstanceState) {
        super.onCreate(savedInstanceState);
        setContentView(R.layout.activity_main);
        textView=findViewById(R.id.textView);
    }

    MyHandler handler = new MyHandler();
    public void heavyWork(View view) {
        new Thread(){
            public void run(){
                while (i<100){
                    i++;
                    j+=10;
                    //创建一个 Message 对象
                    //Message message = new Message();这条语句创建对象太多，消耗资源
                    Message message = Message.obtain(); //通常使用这个静态方法从对象
池中取得 1 个 Message 对象
                    message.arg1=I;
                    message.arg2=j;
                    //发送 Message 对象携带需要传递的数据
                    handler.sendMessage(message);
                    try {
                        Thread.sleep(500);
                    } catch (InterruptedException e) {
                        e.printStackTrace();
                    }
                }
            }
        }.start();
    }
    class MyHandler extends Handler{
        //这个回调方法，会在 UI 线程中被调用
        @Override
```

```
            public void handleMessage(Message msg) {
                super.handleMessage(msg);
                //从 Message 获得 i 和 j 的值
                int m = msg.arg1;
                int n = msg.arg2;
                textView.setText("i="+m+";j="+n);
            }
        }
    }
```

（6）运行效果，见图 4.26。

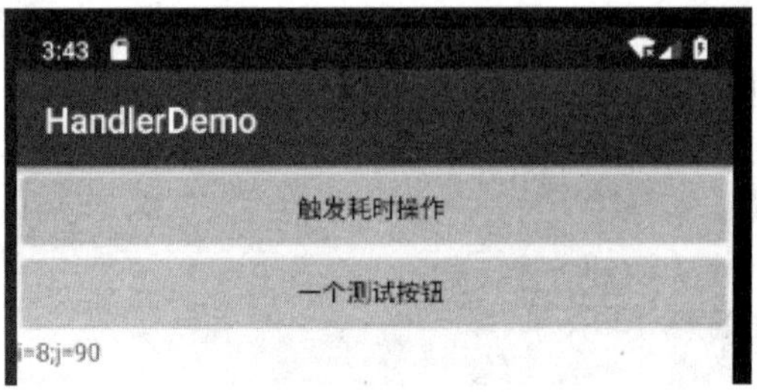

图 4.26

4.5 AsyncTask 异步任务

本节引言

本节主要介绍多线程的概念，先简要讲解一些概念性的内容，接着介绍 Android 提供的一个轻量级的用于处理异步任务的类：AsyncTask。通常在操作中是先继承 AsyncTask，再在类中实现异步操作，然后将异步执行的进度，反馈给 UI 主线程。

4.5.1 相关概念

1. 什么是多线程

应用程序（Application）：为了完成特定任务，用某种语言编写的一组指令集合（一组静态代码）。

进程（Process）：运行中的程序，系统调度与资源分配的一个独立单位，操作系统会为每个进程分配一段内存空间，程序再依次动态执行，经历“代码加载→执行→执行完毕”的完整过程。

线程（Thread）：比进程更小的执行单元，每个进程可能有多条线程，线程需要放在一个进程中才能执行。线程是由程序负责管理的，而进程则是由系统进行调度的。

多线程概念（Multithreading）：并行地执行多条指令，将 CPU 的时间片按照调度算法，分配给各个线程，实际上是分时执行的，只是这个切换的时间很短，给用户造成是同时进行的感觉。

举个简单的例子：某用户电脑登录着 QQ，突然想听音乐，需要用户把 QQ 关掉，然后再去启动音乐播放器吗？答案是否定的，实际上用户只需直接打开播放器播放音乐即可，QQ 仍可继续运行，这就是简单的多线程。在实际开发中，也有这样的例子，比如某个应用正在运行，发现新版本了，想在后台进行更新，这个时候用户只需开辟出一条后台线程，用于下载新版本的 apk，但是这时仍可使用应用中的其他功能，这就是多线程的使用例子。

2. 同步与异步的概念

同步：当执行某个功能时，在没有得到结果之前，这个调用就不能返回，即必须等前一件事做完才能做下一件事。

异步：和同步则是相对的，当执行某个功能后，并不需要立即得到结果，就可以正常地做其他操作，这个功能可以在完成后通知或者回调来告诉用户；还是上面那个后台下载的例子，后台下载，用户执行下载功能后，就无需去关心它的下载过程，当下载完成后通知用户即可。

3. Android 要引入异步任务的原因

因为 Android 程序在刚启动时，会同时启动一个对应的主线程（Main Thread），这个主线程主要负责处理与 UI 相关的事件，有时也称作 UI 线程。而在运用 Android App 时必须遵守单线程模型的规则：Android UI 操作并不是线程安全的，并且这些操作都需要在 UI 线程中执行。假如用户在非 UI 线程中，比如在主线程中 new Thread()另外开辟一个线程，然后直接在里面修改 UI 控件的值；此时会抛出下述异常：

android.view.ViewRoot$CalledFromWrongThreadException：Only the original thread that created a view hierarchy can touch its views

另外，如果用户把耗时的操作都放在 UI 线程中的话，UI 线程超过 5 s 没有响应用于请求，那么这时会引发 ANR（Application Not Responding）异常，即应用无响应。最后还有一点就是：Android 4.0 后禁止在 UI 线程中执行网络操作，否则会报：android.os.NetworkOnMainThreadException。

以上种种原因都说明了 Android 引入异步任务的意义，当然实现异步也不可以不用到本节讲解的 AsyncTask，用户可以自己开辟一个线程，完成相关操作后，通过下述两种方法进行 UI 更新：

（1）在 Handler 里写好 UI 更新，然后通过 sendMessage()等的方法通知 UI 更新。

（2）利用 Activity.runOnUiThread（Runnable）把更新 UI 的代码创建在 Runnable 中，更新 UI 时，把 Runnable 对象传进来即可。

4.5.2 AsyncTask 全解析

1. 使用 AsyncTask 的原因

用户可以用上述两种方法来完成异步操作，假如要异步操作比较多先用 new Thread() 然后用上述方法通知 UI 更新，就显得较为烦琐了。用户可以使用官方提供的 AsyncTask 这个封装好的轻量级异步类，只需几十行的代码即可完成异步操作，而且进度可控。相比起 Handler 和 AsyncTask 显得更加简单、快捷。此外，实际异步用得最多的地方是网络操作、图片加载、数据传输等，AsyncTask 可以满足初学者的常规需求，编写小应用程序。

2. AsyncTask 的基本结构

AsyncTask 是一个抽象类，一般可先定义一个类继承 AsyncTask，然后重写相关方法。

（1）构建 AsyncTask 子类的参数，见图 4.27。

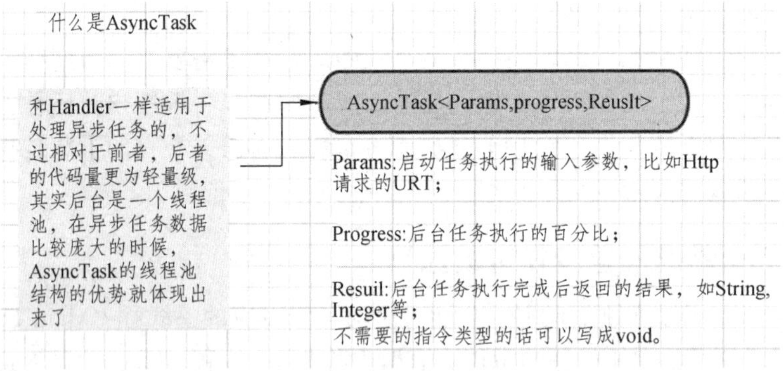

图 4.27

（2）相关方法与执行流程见图 4.28，深色的是一定要有的，浅色的可以没有。

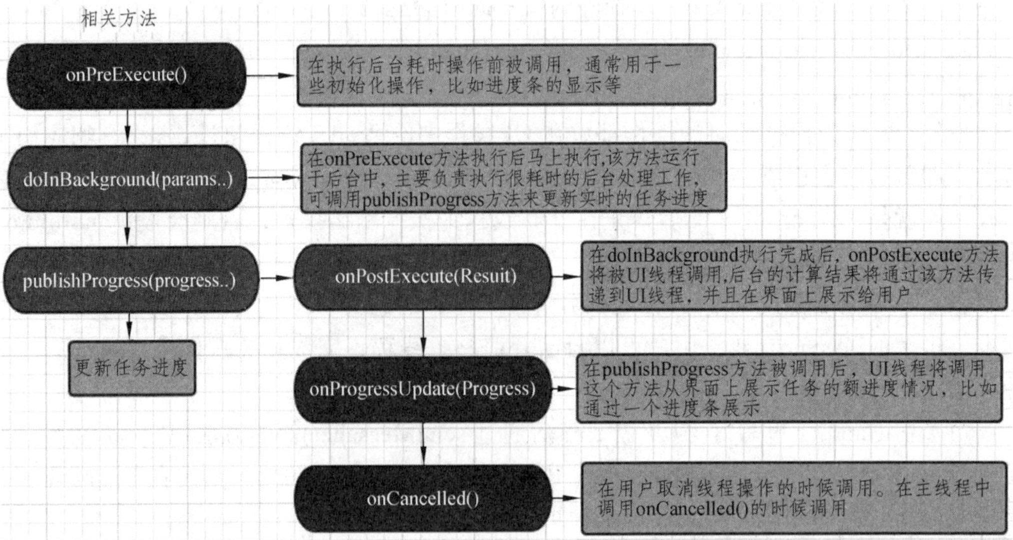

图 4.28

（3）注意事项。

① Task 的实例必须在 UI thread 中创建；

② execute 方法必须在 UI hread 中调用；

③ 不要手动的调用 onPreExecute()，onPostExecute(Result)，doInBackground(Params…)，onProgressUpdate(Progress…)这几个方法；

④ 该 Task 只能被执行一次，否则多次调用时将会出现异常。

4.5.3 Thread 使用示例

先来看一个例子，在主线程增加一个耗时线程，Android 会因为 UI 无法响应用户操作造成超时报错终止 App 运行。

（1）新建一个 module，命名为 ThreadDemo。

（2）布局文件 activity_main.xml。

```
<?xml version="1.0" encoding="utf-8"?>
<LinearLayout xmlns:android="http://schemas.android.com/apk/res/android"
    xmlns:app="http://schemas.android.com/apk/res-auto"
    xmlns:tools="http://schemas.android.com/tools"
    android:layout_width="match_parent"
    android:layout_height="match_parent"
    android:orientation="vertical"
    tools:context=".MainActivity">
    <Button
    android:layout_width="match_parent"
    android:layout_height="wrap_content"
    android:onClick="heavyWork"
    android:text="触发耗时操作"/>
    <Button
        android:layout_width="match_parent"
        android:layout_height="wrap_content"
        android:text="一个测试按钮"/>
</LinearLayout>
```

（3）MainActivity.java。

```
public class MainActivity extends AppCompatActivity {


    @Override
    protected void onCreate(Bundle savedInstanceState) {
        super.onCreate(savedInstanceState);
```

```
        setContentView(R.layout.activity_main);
    }

    public void heavyWork(View view) {
        int i=0;
        while (i<100){
            i++;
            try {
                Thread.sleep(500);
            } catch (InterruptedException e) {
                e.printStackTrace();
            }
        }
    }
}
```

（4）运行效果，见图 4.29。

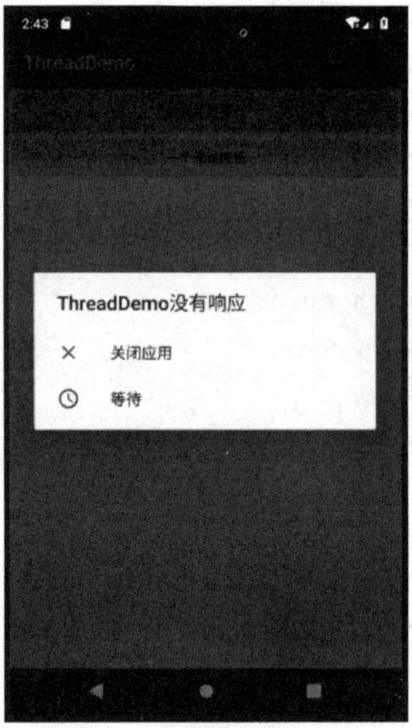

图 4.29

新开一个线程执行耗时操作，UI 就可以响应用户操作。

（5）新开一个线程 MainActivity.java。

```
public class MainActivity extends AppCompatActivity {

    @Override
```

```
    protected void onCreate(Bundle savedInstanceState) {
        super.onCreate(savedInstanceState);
        setContentView(R.layout.activity_main);
    }

    public void heavyWork(View view) {
        new Thread(){
            public void run(){
                int i=0;
                while (i<100){
                    i++;
                    try {
                        Thread.sleep(500);
                    } catch (InterruptedException e) {
                        e.printStackTrace();
                    }
                }
            }
        }.start();
    }
}
```

（6）运行效果，见图 4.30。

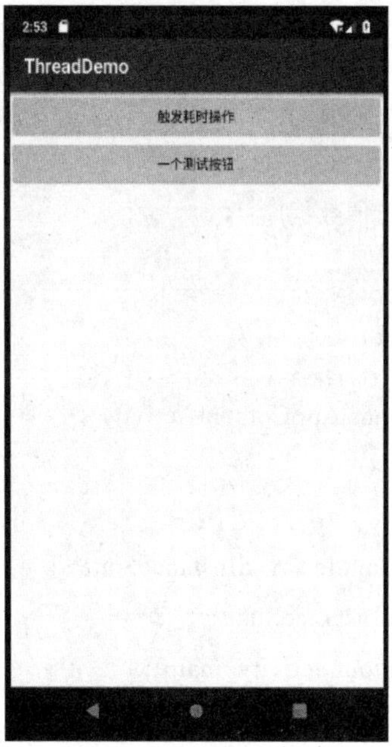

图 4.30

在新开线程中处理 View 的操作，低版本 API 会报 Only the original thread that created a view hierarchy can touch its views 异常（API 25 以下测试均报异常，API 28 不报异常，这和新 API 中更新 View 的代码中不再对进程进行判断有关）。

（7）在布局文件里增加一个 TextView 用于显示新开线程回传数据 activity_main.xml。

```
<?xml version="1.0" encoding="utf-8"?>
<LinearLayout xmlns:android="http://schemas.android.com/apk/res/android"
    xmlns:app="http://schemas.android.com/apk/res-auto"
    xmlns:tools="http://schemas.android.com/tools"
    android:layout_width="match_parent"
    android:layout_height="match_parent"
    android:orientation="vertical"
    tools:context=".MainActivity">
    <Button
    android:layout_width="match_parent"
    android:layout_height="wrap_content"
    android:onClick="heavyWork"
    android:text="触发耗时操作"/>
    <Button
        android:layout_width="match_parent"
        android:layout_height="wrap_content"
        android:text="一个测试按钮"/>
    <TextView
        android:id="@+id/textView"
        android:layout_width="match_parent"
        android:layout_height="wrap_content"
        android:hint="显示回传数据"/>
</LinearLayout>
```

（8）修改 MainActivity.java。

```
public class MainActivity extends AppCompatActivity {
    TextView textView;
    @Override
    protected void onCreate(Bundle savedInstanceState) {
        super.onCreate(savedInstanceState);
        setContentView(R.layout.activity_main);
        textView=findViewById(R.id.textView);
    }
```

```
        public void heavyWork(View view) {
            new Thread(){
                public void run(){
                    int i=0;
                    while (i<100){
                        i++;
                        try {
                            Thread.sleep(500);
                        } catch (InterruptedException e) {
                            e.printStackTrace();
                        }
                        textView.setText(""+i);
                    }
                }
            }.start();
        }
    }
```

（9）API 22 模拟器运行效果，见图 4.31。

图 4.31

解决上述问题的方法有以下几种：

第一种处理方法是把访问 UI 组件任务交给主线程（UI 线程）去处理，使用 runOnUiThread（new Runnable()）方法，修改 MainActivity.java 如下：

```
public class MainActivity extends AppCompatActivity {
    TextView textView;
    int i=0;    //定义 i 为全局变量
    @Override
    protected void onCreate(Bundle savedInstanceState) {
        super.onCreate(savedInstanceState);
        setContentView(R.layout.activity_main);
        textView=findViewById(R.id.textView);
    }

    public void heavyWork(View view) {
        new Thread(){
            public void run(){
                while (i<100){
                    i++;
                    try {
                        Thread.sleep(500);
                    } catch (InterruptedException e) {
                        e.printStackTrace();
                    }
                    runOnUiThread(new Runnable() {
                        @Override
                        public void run() {
                            textView.setText(""+i);   //i 需要定义为全局变量
                        }
                    });
                }
            }
        }.start();
    }
}
```

API 22 模拟器运行效果，见图 4.32。

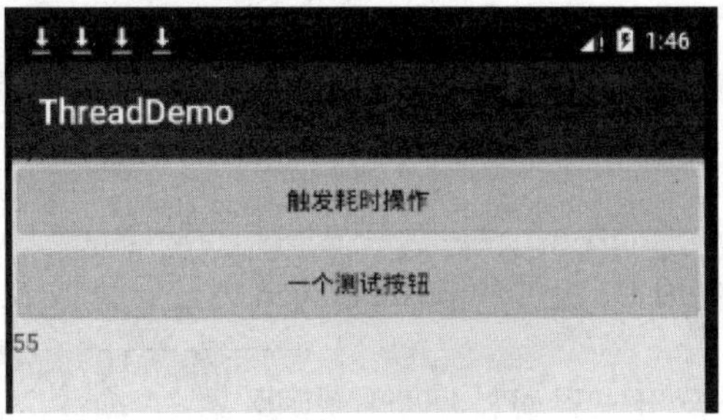

图 4.32

第二种处理方法是使用 UI 组件的 post 方法，修改 MainActivity.java 如下：

```
public class MainActivity extends AppCompatActivity {
    TextView textView;
    int i=0;    //定义 i 为全局变量
    @Override
    protected void onCreate(Bundle savedInstanceState) {
        super.onCreate(savedInstanceState);
        setContentView(R.layout.activity_main);
        textView=findViewById(R.id.textView);
    }

    public void heavyWork(View view) {
        new Thread(){
            public void run(){
                while (i<100){
                    i++;
                    try {
                        Thread.sleep(500);
                    } catch (InterruptedException e) {
                        e.printStackTrace();
                    }
                    textView.post(new Runnable() {
                        @Override
                        public void run() {
                            textView.setText(""+i);   //i 需要定义为全局变量
                        }
                    });
```

```
                }
            }
        }.start();
    }
}
```

第三种处理方法是使用 UI 组件的 postDelayed 方法，修改 MainActivity.java 如下：

```
public class MainActivity extends AppCompatActivity {
    TextView textView;
    int i=0;        //定义 i 为全局变量
    @Override
    protected void onCreate(Bundle savedInstanceState) {
        super.onCreate(savedInstanceState);
        setContentView(R.layout.activity_main);
        textView=findViewById(R.id.textView);
    }

    public void heavyWork(View view) {
        new Thread(){
            public void run(){
                while (i<100){
                    i++;
                    try {
                        Thread.sleep(500);
                    } catch (InterruptedException e) {
                        e.printStackTrace();
                    }
                    textView.postDelayed(new Runnable() {
                        @Override
                        public void run() {
                            textView.setText(""+i);   //i 需要定义为全局变量
                        }
                    },500);             //延迟 500ms
                }
            }
        }.start();
    }
}
```

4.5.4 AsyncTask 使用示例

因为我们还没学到 Android 网络的知识，这里用延时线程来模拟文件下载的过程，后面学习了网络知识后可以再给大家详举几个例子。

（1）新建一个 module，命名为 AsyncTaskDemo。

（2）布局文件 activity_main.xml。

```
<?xml version="1.0" encoding="utf-8"?>
<LinearLayout xmlns:android="http://schemas.android.com/apk/res/android"
    xmlns:app="http://schemas.android.com/apk/res-auto"
    xmlns:tools="http://schemas.android.com/tools"
    android:layout_width="match_parent"
    android:layout_height="match_parent"
    android:orientation="vertical"
    tools:context=".MainActivity">

    <Button
        android:layout_width="match_parent"
        android:layout_height="wrap_content"
        android:onClick="heavyWork"
        android:text="触发耗时操作"/>
    <Button
        android:layout_width="match_parent"
        android:layout_height="wrap_content"
        android:text="一个测试按钮"/>
    <TextView
        android:id="@+id/textView"
        android:layout_width="match_parent"
        android:layout_height="wrap_content"
        android:hint="显示回传数据"/>

</LinearLayout>
```

（3）MainActivity.java。

```
public class MainActivity extends AppCompatActivity {
    TextView textView;

    @Override
```

```
protected void onCreate(Bundle savedInstanceState) {
    super.onCreate(savedInstanceState);
    setContentView(R.layout.activity_main);
    textView = findViewById(R.id.textView);
}

public void heavyWork(View view) {
    //创建 AsyncTask 对象
    MyAsynctask myAsynctask = new MyAsynctask();
    int k=10;    //定义一个初始值传入 doInBackground(Integer... integers)方法
    //在主线程中调用 execute()方法
    //execute()方法只能被调用一次，多次调用会报错
    //根据 MyAsynctask 类的参数定义，可以传入若干个 Integer 参数
    myAsynctask.execute(k);
}

class MyAsynctask extends AsyncTask<Integer,Integer,Void>{

    //这个方法会在一个单独的后台线程中被执行，它可以做耗时操作，但不能更新 UI
    @Override
    protected Void doInBackground(Integer... integers) {  //本方法传入的是一个变长数组
        int i = integers[0];     //接收 myAsynctask.execute(k)传入的值作为循环初始值
        while (i<100){
            i++;
            //发布进度，当这个方法被调用时，onProgressUpdate()方法会在主线程中被调用
            publishProgress(i); // 类似发送消息，把 i 的值送出作为当前进度值
            try {
                Thread.sleep(500);
            } catch (InterruptedException e) {
                e.printStackTrace();
            }
        }
        return null;
    }
    //当 publishProgress()调用的时候，这个方法在主线程中调用
    @Override
    protected void onProgressUpdate(Integer... values) {
```

```
            super.onProgressUpdate(values);
            //接收由 publishProgress(i)发过来的值更新 UI
            textView.setText(""+values[0]);
        }
        //当耗时任务执行完成后，在主线程中调用
        @Override
        protected void onPostExecute(Void aVoid) {
            super.onPostExecute(aVoid);
            Toast.makeText(MainActivity.this, "下载完成", Toast.LENGTH_LONG).show();
        }
        //当耗时任务执行开始前，在主线程中调用
        @Override
        protected void onPreExecute() {
            super.onPreExecute();
            Toast.makeText(MainActivity.this, "下载开始", Toast.LENGTH_LONG).show();
        }
    }
}
```

（4）运行效果，见图 4.33。

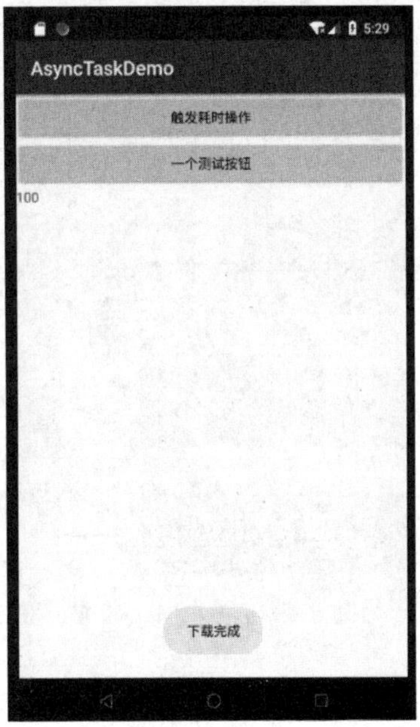

图 4.33

第 5 单元

数据存储与访问案例

5.1 文件的存储读写

本节引言

本节主要介绍 Android 数据存储与访问的其中一种方式——文件存储与读写，当然除了这种方式外，用户可以存到 SharedPreference 数据库或 Application 中。

5.1.1 Android 文件的操作模式

学过 Java 的用户都知道，直接新建文件，然后就可以写入数据，但 Android 却不一样，因为 Android 是基于 Linux 的，在读写文件的时候，还需加上文件的操作模式，Android 中的操作模式见图 5.1。

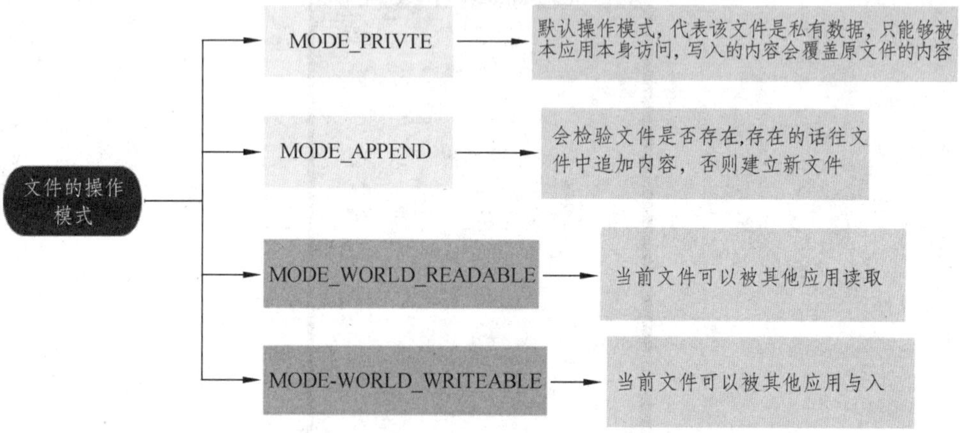

图 5.1

注：后面两个是用于控制其他应用是否有读写文件的权限。

如果文件既可写，又可读的话，可以写成下面的形式：

openFileOutput(“jay123.txt”, Context.MODE_WORLD_READABLE+Context.MODE_WORLD_WRITEABLE)。

5.1.2 文件的相关操作方法

Android 文件的相关操作方法如下：

openFileOutput(filename,mode)：打开文件输出流，即为往文件中写入数据，第二个参数是模式；

openFileIntput(filename)：打开文件输入流，即为读取文件中的信息到程序中；

getDir(name,mode)：在 App 的 data 目录下获取或创建 name 对应的子目录；

getFileDir()：获得 App 的 data 目录的 file 目录的绝对路径；

String[] fileList()：返回 App 的 data 目录下的全部文件；

deleteFile(filename)：删除 App 的 data 目录下的指定文件。

注：Android 有自己的一套安全模型，当安装 apk 时，系统会分配给它一个 userid，当该应用要去访问其他资源（比如文件）时需要匹配 userid，任何 App 创建的文件、sharedpreferences、数据库文件都是私有的，其他程序无法访问。除非在创建时指定了 Context.MODE_WORLD_READABLE 或者 Context.MODE_WORLD_WRITEABLE，只有这样其他程序才能正确访问。

5.1.3 文件读写的实现

Android 中的文件读写和 Java 中的文件 I/O 相同，流程也很简单，下面我们来写个简单的示例。

（1）新建一个 module，命名为 FileDemo。

（2）在 res 文件夹上右键单击新建一个 Android Resource Directory，Resource type 选择 raw，点击 OK。

（3）在 raw 文件夹上右键单击新建一个 File，文件名是 app.xml，点击 OK。

（4）在文件 app.xml 中输入纯文本的内容，见图 5.2。

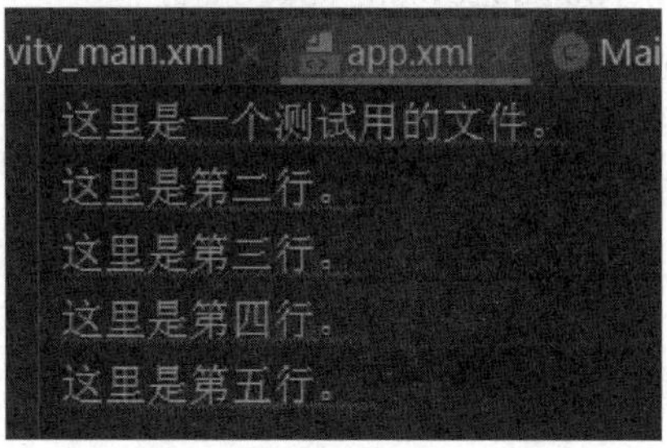

图 5.2

（5）布局文件 activity_main.xml。

```
<?xml version="1.0" encoding="utf-8"?>
<LinearLayout xmlns:android="http://schemas.android.com/apk/res/android"
    xmlns:app="http://schemas.android.com/apk/res-auto"
```

```
    xmlns:tools="http://schemas.android.com/tools"
    android:layout_width="match_parent"
    android:layout_height="match_parent"
    android:orientation="vertical"
    tools:context=".MainActivity">

    <Button
        android:id="@+id/bt1"
        android:layout_width="match_parent"
        android:layout_height="wrap_content"
        android:onClick="onSaveFile"
        android:text="app.xml 保存至内存卡"/>
    <Button
        android:id="@+id/bt2"
        android:layout_width="match_parent"
        android:layout_height="wrap_content"
        android:onClick="onReadFile"
        android:text="读取内存卡的 app.xml"/>

</LinearLayout>
```

（6）MainActivity.java。

```
public class MainActivity extends AppCompatActivity {

    @Override
    protected void onCreate(Bundle savedInstanceState) {
        super.onCreate(savedInstanceState);
        setContentView(R.layout.activity_main);
    }

    /**
     * 将 res/raw/app.xml 保存至内存卡
     * @param view
     */
    public void onSaveFile(View view) {
        InputStream inputStream = getResources().openRawResource(R.raw.app);
        FileOutputStream outputStream = null;
        try {
            outputStream = openFileOutput("app.xml", MODE_PRIVATE);
```

```
                int len;
                byte[] buffer = new byte[1024*5];
                while ((len = inputStream.read(buffer)) != -1){
                    outputStream.write(buffer,0,len);
                }
                Toast.makeText(MainActivity.this,"app.xml 保存至内存卡",Toast.LENGTH_SHORT).
show();
            } catch (FileNotFoundException e) {
                e.printStackTrace();
            } catch (IOException e) {
                e.printStackTrace();
            }finally {
                try {
                    if(outputStream != null){
                        outputStream.close();
                    }
                    if(inputStream != null){
                        inputStream.close();
                    }
                }catch (IOException e){
                    e.printStackTrace();
                }
            }
        }

        /**
         * 从内存卡上的 app.xml 文件读取内容输出到日志文件
         * @param view
         */
        public void onReadFile(View view) {
            try {
                FileInputStream inputStream = openFileInput("app.xml");
                byte[] buffer = new byte[1024*5];
                int len;
                StringBuilder stringBuilder = new StringBuilder();
                while ((len=inputStream.read(buffer))!=-1){
                    String string = new String(buffer,0,len);
                    stringBuilder.append(string);
                }
```

```
                String string = stringBuilder.toString().replace("\r\n","\n");
                Log.i("main",string);
            } catch (FileNotFoundException e) {
                e.printStackTrace();
            } catch (IOException e){
                e.printStackTrace();
            }


        }
    }
```

（7）运行效果，见图 5.3。

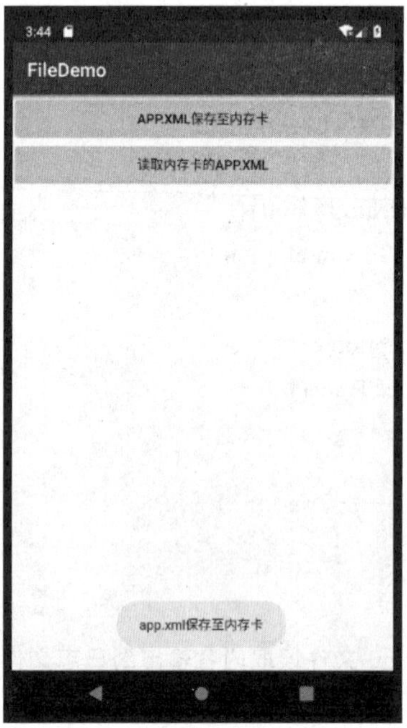

图 5.3

（8）打开 DDMS 中的 File Exploer 可以看到，在 data/data/<包名>/files 中有之前写入的文件，见图 5.4。

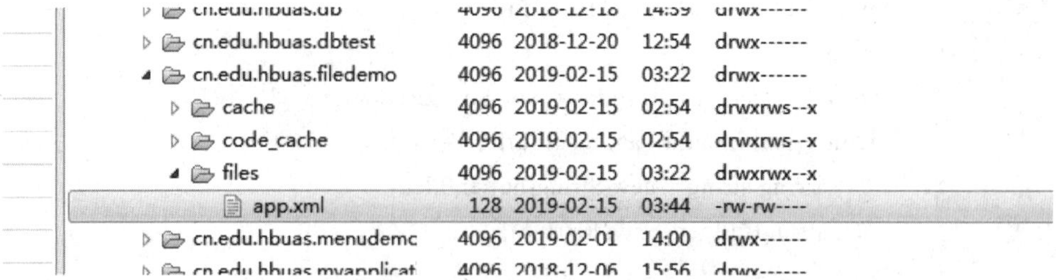

图 5.4

（9）如图 5.5 所示，点击右上角的响应图标将文件导入到电脑中，并且打开验证写入的内容。

图 5.5

5.1.4 读取 SD 卡上的文件

（1）SD 卡的引入。

当用户使用 Context 的 openFileInput 或者 openFileOutput 打开文件输入、输出流时，程序打开的都是 App 的数据文件夹中的文件，data/data/<应用包名>/file 目录下；

如果想存储的是视频、音乐等，需要占用大量的存储空间，存储到手机内存中显得很不明智，所以可将这些大文件数据存储到 SD 卡中。

（2）SD 卡的读写步骤，见图 5.6。

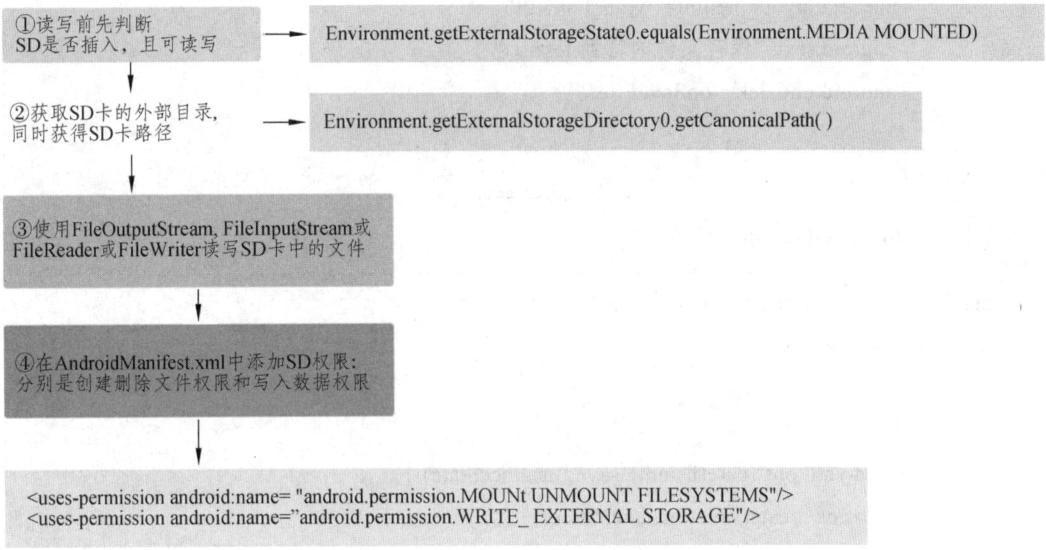

图 5.6

注：这里的文件读写和前面的读写操作是一样的，因此不再给出代码。另外 SD 卡的目录在 mmt/sdcard 中，当然不同的 SD 卡可能会有不同的存储位置，可通过图 5.6 步骤②中的代码获取到路径。

（1）新建一个 module，命名为 ExternalStorageDemo。

（2）布局文件 activity_main.xml。

```
<?xml version="1.0" encoding="utf-8"?>
<LinearLayout xmlns:android="http://schemas.android.com/apk/res/android"
```

```
    xmlns:app="http://schemas.android.com/apk/res-auto"
    xmlns:tools="http://schemas.android.com/tools"
    android:layout_width="match_parent"
    android:layout_height="match_parent"
    android:orientation="vertical"
    tools:context=".MainActivity">

    <EditText
        android:id="@+id/et1"
        android:layout_width="match_parent"
        android:layout_height="wrap_content"
        android:hint="输入文件内容"
        />
    <Button
        android:layout_width="match_parent"
        android:layout_height="wrap_content"
        android:text="保存文件内容到 test.txt"
        android:onClick="onSaveFile"/>

</LinearLayout>
```

（3）MainActivity.java。

```
public class MainActivity extends AppCompatActivity {
    EditText editText;

    @Override
    protected void onCreate(Bundle savedInstanceState) {
        super.onCreate(savedInstanceState);
        setContentView(R.layout.activity_main);
        editText=findViewById(R.id.et1);
    }

    public void onSaveFile(View view) {
        //判断 SD 卡是否存在
        if(Environment.MEDIA_MOUNTED.equals(Environment.getExternalStorageState())){
            //判断 Document 目录是否存在，如果不存在，则创建该目录
            //API 19 之前，存储私有数据在"/storage/sdcard/Android/data/<包名>/files/..."
```

```
            //API 19之后，存储私有数据在"/storage/eumuated/0/Android/data/<包名>/files/..."
            //API 19之前，无论是SD卡里面的私有数据还是公有数据，读写都需要权限
            //API 19之后，SD卡里面的私有数据的读写，可以不用声明权限，但对公有(public)
数据的读写，必须声明权限
            //外部存储私有数据 File file = getExternalFilesDir(Environment.DIRECTORY_
DOCUMENTS);
            //外部存储公有数据 File file = Environment.getExternalStoragePublicDirectory
(Environment.DIRECTORY_DOCUMENTS);
            //File file = getExternalFilesDir(Environment.DIRECTORY_DOCUMENTS);
            File file = Environment.getExternalStoragePublicDirectory(Environment.DIRECTORY_
DOCUMENTS);
            if(!file.exists()){
                //存储公有数据，使用API 19之前的AVD，并且在manifests文件中增加
读写权限后才可以创建文件夹
                file.mkdir();
            }
            //将EditText中的数据取出来，将它写入到file对应路径下面的test.txt文件中
            File docFile = new File(file,"test.txt");
            String string = editText.getText().toString();
            byte[] buffer = string.getBytes();
            try {
                FileOutputStream fos = new FileOutputStream(docFile);
                fos.write(buffer);
            } catch (FileNotFoundException e) {
                e.printStackTrace();
            } catch (IOException e) {
                e.printStackTrace();
            }
        }else{
            Toast.makeText(this,"没有SD卡",Toast.LENGTH_SHORT).show();
        }
    }
}
```

（4）AndroidManifest.xml。

```
<?xml version="1.0" encoding="utf-8"?>
<manifest xmlns:android="http://schemas.android.com/apk/res/android"
```

```
    package="cn.edu.hbuas.externalstoragedemo">

    <uses-permission android:name="android.permission.READ_EXTERNAL_STORAGE" />
    <uses-permission android:name="android.permission.WRITE_EXTERNAL_STORAGE" />

    <application
        android:allowBackup="true"
        android:icon="@mipmap/ic_launcher"
        android:label="@string/app_name"
        android:roundIcon="@mipmap/ic_launcher_round"
        android:supportsRtl="true"
        android:theme="@style/AppTheme">
        <activity android:name=".MainActivity">
            <intent-filter>
                <action android:name="android.intent.action.MAIN" />

                <category android:name="android.intent.category.LAUNCHER" />
            </intent-filter>
        </activity>
    </application>

</manifest>
```

（5）运行效果，见图 5.7。

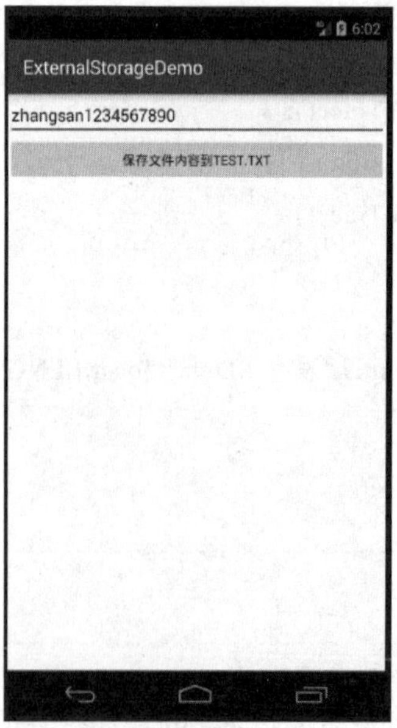

图 5.7

（6）打开 DDMS 的 File Exploer 可以看到，在 storage/sdcard/Documents 中有之前写入的文件，见图 5.8。

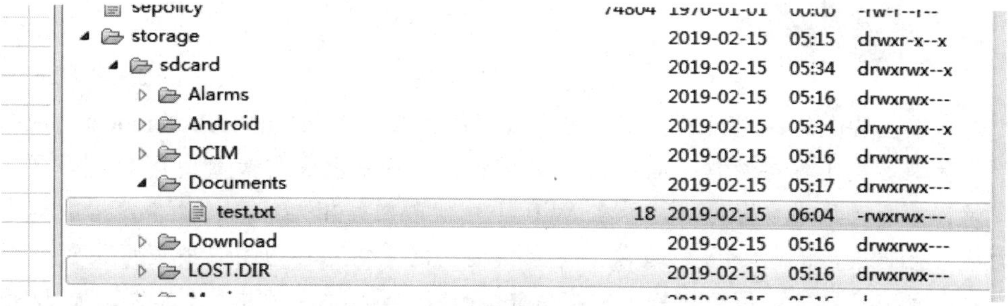

图 5.8

（7）如图 5.9 所示，点击右上角的响应图标将文件导入至电脑中，并且打开验证写入的内容。

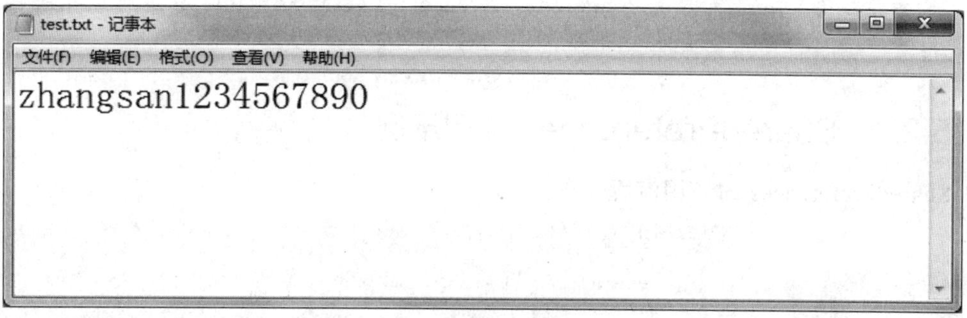

图 5.9

5.1.5 读取 raw 和 assets 文件夹下的文件

相信大家对这两个文件夹并不陌生，如果不想自己的文件被编译成二进制文件的话，可以把文件放到这两个目录下，而两者的区别如下：

res/raw：文件会被映射到 R.java 文件中，访问的时候直接通过资源 ID 即可访问，而且它不具有目录结构，因而不能再创建文件夹。

assets：不会映射到 R.java 文件中，通过 AssetManager 来访问，有目录结构，可以自行创建文件夹。

读取文件资源：

res/raw：

```
InputStreamis = getResources().openRawResource(R.raw.filename);
```

assets：

```
AssetManager am = getAssets();
InputStreamis = am.open("filename");
```

5.2 SharedPreferences 保存用户偏好参数

本节引言

本节主要介绍的是第二种存储用户数据的方式，使用 SharedPreferences（保存用户偏好参数）保存数据，当应用想要保存用户的一些偏好参数，比如是否自动登录，是否记住账号密码，是否在 Wifi 下才能联网等相关信息，如果使用数据库的话，显得有点大材小用。通常，将上面这些配置信息称为用户的偏好设置，而这些配置信息通常是保存在特定的文件中，比如 Windows 使用 ini 文件，而 J2SE 中使用 properties 属性文件与 xml 文件来保存软件的配置信息。在 Android 中，通常使用一个轻量级的存储类——SharedPreferences 来保存用户偏好的参数。SharedPreferences 也是使用 xml 文件，然后类似于 Map 集合，使用“键-值”的形式来存储数据。用户只需调用 SharedPreferences 的 getXxx（name），就可以根据键获得对应的值，使用起来十分便捷。

5.2.1 SharedPreferences 使用示例

SharedPreferences 的使用流程见图 5.10。

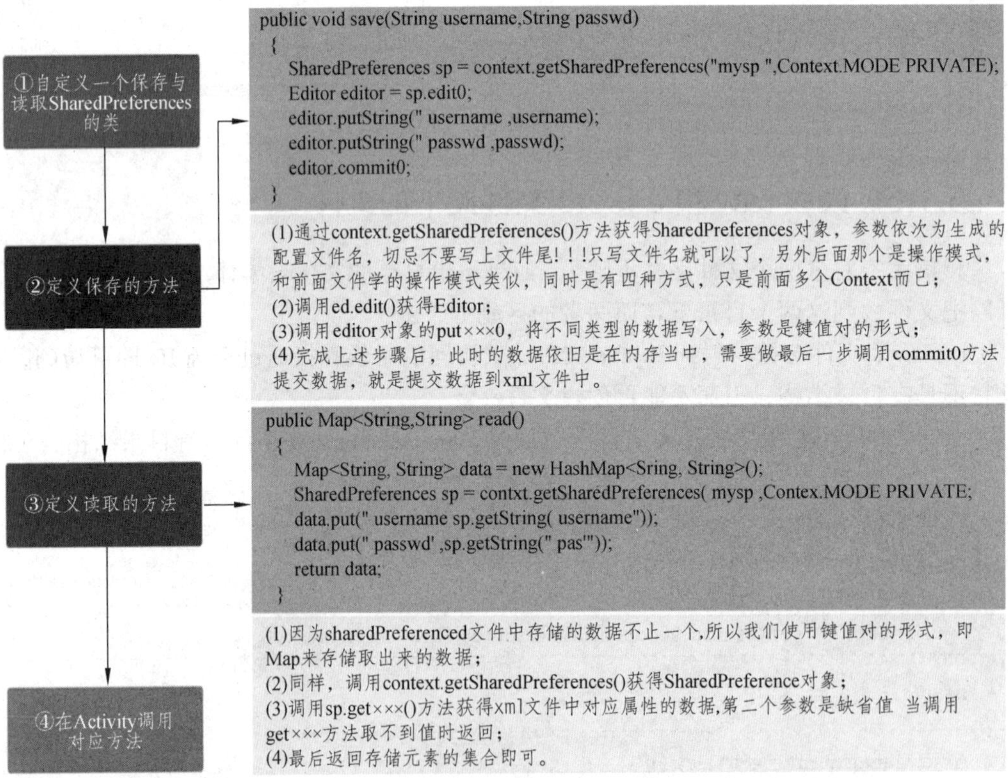

图 5.10

用户也可以直接在 Activity 中调用 this.getPreference(mode)获得 Preference 对象，然后执行读写操作，而图 5.10 中的参数只有一个，就是文件的操作模式，而生成的文件名就是当前 Activity 的类名。

实现代码示例：

（1）新建一个 module，命名为 SharedPreferencesDemo。

（2）布局文件 activity_main.xml。

```
<?xml version="1.0" encoding="utf-8"?>
<LinearLayout xmlns:android="http://schemas.android.com/apk/res/android"
    xmlns:app="http://schemas.android.com/apk/res-auto"
    xmlns:tools="http://schemas.android.com/tools"
    android:layout_width="match_parent"
    android:layout_height="match_parent"
    android:orientation="vertical"
    tools:context=".MainActivity">

    <Switch
        android:layout_marginTop="30dp"
        android:id="@+id/switch1"
        android:textSize="20sp"
        android:layout_width="wrap_content"
        android:layout_height="wrap_content"
        android:text="打开 Wifi" />
</LinearLayout>
```

（3）MainActivity.java。

```
public class MainActivity extends AppCompatActivity {
    Switch aSwitch;
    SharedPreferences sharedPreferences;

    @Override
    protected void onCreate(Bundle savedInstanceState) {
        super.onCreate(savedInstanceState);
        setContentView(R.layout.activity_main);
        aSwitch = findViewById(R.id.switch1);
        //设置存储文件名为 wifiStatus.xml
        sharedPreferences = getSharedPreferences("wifiStatus",MODE_PRIVATE);
        boolean status = sharedPreferences.getBoolean("status",false);
        aSwitch.setChecked(status);
        //对 aSwitch 控件进行监听，如果用户改变了控件的值，对文件 wifiStatus.xml 中的
值进行改变
        aSwitch.setOnCheckedChangeListener(new CompoundButton.OnCheckedChangeListener() {
            @Override
```

```
            public void onCheckedChanged(CompoundButton buttonView, boolean isChecked) {
                SharedPreferences.Editor editor = sharedPreferences.edit();
                editor.putBoolean("status",isChecked);
                editor.commit();
            }
        });
    }
}
```

（4）运行效果，见图 5.11。

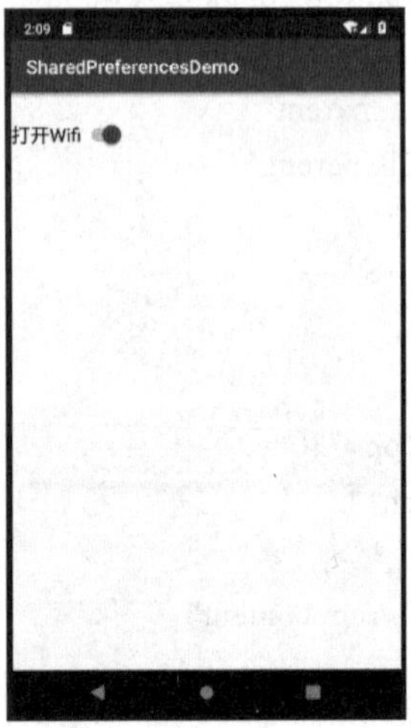

图 5.11

（5）打开 DDMS，可以在 File Expoler 打开 data/data/<包名>可以看到在 shared_prefs 目录下生成了一个 Xml 文件，文件名为 wifiStatus.xml，见图 5.12。

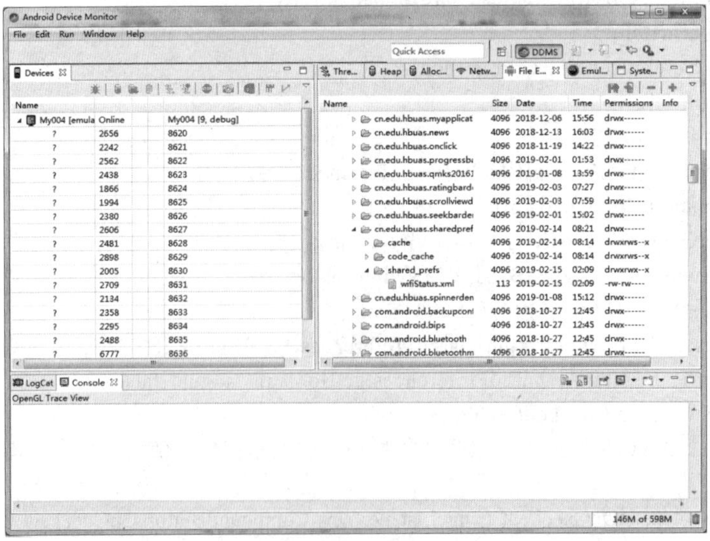

图 5.12

点击导出到桌面可以看到里面的内容，见图 5.13。

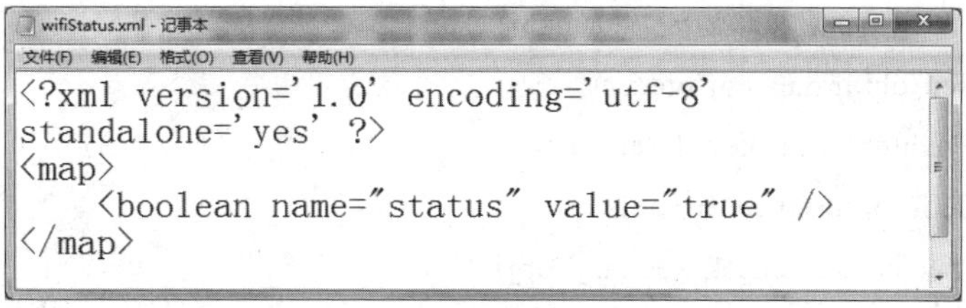
```
<?xml version='1.0' encoding='utf-8'
standalone='yes' ?>
<map>
    <boolean name="status" value="true" />
</map>
```

图 5.13

5.2.2 SharedPreference 工具类

自行实例化 SP 相关的类比较麻烦，这里提供一个 SP 的工具类，大家可以运用到自己的项目中，工具类来源于鸿洋的 blog。

SPUtils.java

```
package com.jay.sharedpreferencedemo2;


import android.content.Context;
import android.content.SharedPreferences;


import java.util.Map;


/**
 * Created by Jay on 2015/9/2 0002.
 */
publicclassSPUtils{
    /**
     * 保存在手机里的 SP 文件名
     */
    publicstaticfinalString FILE_NAME ="my_sp";

    /**
     * 保存数据
     */
    publicstaticvoid put(Context context,String key,Object obj){
        SharedPreferences sp = context.getSharedPreferences(FILE_NAME, context.MODE_PRIVATE);
        SharedPreferences.Editor editor = sp.edit();
        if(obj instanceofBoolean){
            editor.putBoolean(key,(Boolean) obj);
```

```
        }elseif(obj instanceofFloat){
            editor.putFloat(key,(Float) obj);
        }elseif(obj instanceofInteger){
            editor.putInt(key,(Integer) obj);
        }elseif(obj instanceofLong){
            editor.putLong(key,(Long) obj);
        }else{
            editor.putString(key,(String) obj);
        }
        editor.commit();
    }


    /**
     * 获取指定数据
     */
    publicstaticObjectget(Context context,String key,Object defaultObj){
        SharedPreferences sp = context.getSharedPreferences(FILE_NAME, context.MODE_PRIVATE);
        if(defaultObj instanceofBoolean){
            return sp.getBoolean(key,(Boolean) defaultObj);
        }elseif(defaultObj instanceofFloat){
            return sp.getFloat(key,(Float) defaultObj);
        }elseif(defaultObj instanceofInteger){
            return sp.getInt(key,(Integer) defaultObj);
        }elseif(defaultObj instanceofLong){
            return sp.getLong(key,(Long) defaultObj);
        }elseif(defaultObj instanceofString){
            return sp.getString(key,(String) defaultObj);
        }
        returnnull;
    }

    /**
     * 删除指定数据
     */
    publicstaticvoid remove(Context context,String key){
        SharedPreferences sp = context.getSharedPreferences(FILE_NAME, context.MODE_PRIVATE);
```

```
        SharedPreferences.Editor editor = sp.edit();
        editor.remove(key);
        editor.commit();
    }


    /**
     * 返回所有键值对
     */
    publicstaticMap<String,?> getAll(Context context){
        SharedPreferences sp = context.getSharedPreferences(FILE_NAME, context.MODE_PRIVATE);
        Map<String,?> map = sp.getAll();
        return map;
    }

    /**
     * 删除所有数据
     */
    publicstaticvoid clear(Context context){
        SharedPreferences sp = context.getSharedPreferences(FILE_NAME, context.MODE_PRIVATE);
        SharedPreferences.Editor editor = sp.edit();
        editor.clear();
        editor.commit();
    }

    /**
     * 检查 key 对应的数据是否存在
     */
    publicstaticboolean contains(Context context,String key){
        SharedPreferences sp = context.getSharedPreferences(FILE_NAME, context.MODE_PRIVATE);
        return sp.contains(key);
    }

}
```

有时使用 AndroidSDK 中 tool 文件夹下的 monitor.bat 弹出如图 5.14 所示的“错误”提示。

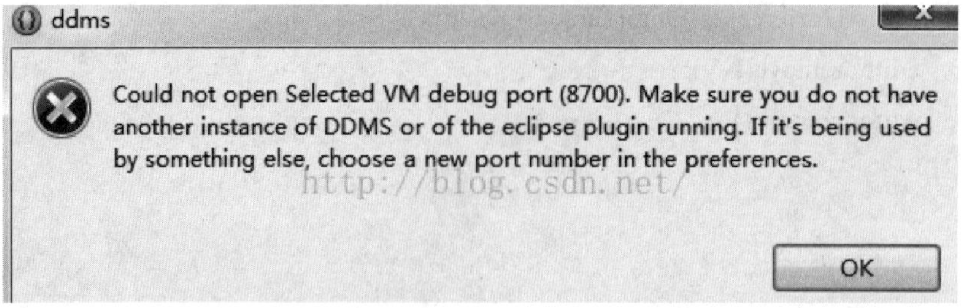

图 5.14

“错误”提示可能是 AndroidStudio 占用了 8700 端口所致，解决办法是先关闭 AndroidStudio，启动 DDMS 后再打开 AndroidStudio，这时 ADM 就不会出现 8700 端口占用错误了。

DDMS 中 File Explorer 无法查看 data/data 文件解决办法：

（1）如果是真机用作模拟器，要想查看 data 文件夹下的文件，首先要获取手机 root 权限，成功后，修改 data 文件夹权限即可查看 data 里面的数据。

（2）data 权限修改办法：在 SDK 下的 platform-tools 文件夹下打开 cmd 命令窗口→输入 adb root，回车→输入 adb shell，回车→输入 su，回车→输入 chmod 777 /data，回车（该步骤设置 data 文件夹权限为 drwxrwxrwx，也即 administrators、power users 和 users 组都有对该文件夹的读、写、运行权限）→输入 chmod 777 /data/data 回车（该步骤设置 /data/data 文件夹权限为 777，以此类推）。

5.3 SQLite 数据库

本节引言

本节继续学习 Android 数据存储与访问的第三种方式：SQLite 数据库。和其他的 SQL 数据库不同，我们并不需要在手机上另外安装一个数据库软件，Android 系统已经集成了这个数据库，也无需像使用其他数据库软件（Oracle，MSSQL，MySql 等）又要安装，然后完成相关配置，再改端口之类的操作。

5.3.1 基本概念

1. SQLite 的概念及特点

（1）SQLite 是一个轻量级的关系型数据库，运算速度快，占用资源少，很适合在移动设备上使用，不仅支持标准 SQL 语法，还遵循 ACID（数据库事务）原则，无需账号，使用起来非常方便。

（2）前面我们已学习了使用文件与 SharedPreference 来保存数据，但是在很多情况下，文件并不一定是有效的，如多线程并发访问是相关的。App 要处理可能变化的复杂数据结构等等，比如银行的存钱与取钱。使用前两者就会显得很无力或者烦琐，数据库的出现可以解决这种问题，而 Android 给我们提供了一个轻量级且使用又便捷的 SQLite。

（3）SQLite 支持五种数据类型：Null、Integer、Real（浮点数）、Text（字符串文本）和 Blob（二进制对象）。虽然只有五种，但是对于 varchar、char 等其他数据类型都是可以保存的，因为 SQLite 有个最大的特点：用户可以将各种数据类型的数据保存到任何字段中而不用关心字段声明的数据类型是什么。例如，可以在 Integer 类型的字段中存放字符串，当然除了声明为主键 INTEGER PRIMARY KEY 的字段就只能够存储 64 位整数。另外，SQLite 在解析 CREATE TABLE 语句时，会忽略 CREATE TABLE 语句中跟在字段名后面的数据类型信息，例如下面语句会忽略 name 字段的类型信息：CREATE TABLE person（personid integer primary key autoincrement，name varchar（20））

2. 几个相关的类

用户在使用数据库时常用到的三个类：

SQLiteOpenHelper：抽象类。用户通过继承该类，然后重写数据库创建以及更新的方法，还可以通过该类的对象获得数据库实例，或者关闭数据库。

SQLiteDatabase：数据库访问类。用户可以通过该类的对象来对数据库做一些增删改查的操作。

Cursor：游标，有点类似于 JDBC 里的 resultset，结果集。可以简单理解为指向数据库中某一个记录的指针。

5.3.2 使用 SQLiteOpenHelper 类创建数据库与版本管理

对于涉及数据库的 App，用户不可能手动地去给创建数据库文件，所以需要在第一次启用 App 的时候就创建好数据库表。而当应用进行升级需要修改数据库表的结构时，这个时候就需要对数据库表进行更新。对于这两个操作，安卓提供了 SQLiteOpenHelper 的两个方法，用 onCreate()与 onUpgrade()来实现。

方法解析：

（1）onCreate（database）：首次使用软件时生成数据库表。

（2）onUpgrade（database、oldVersion、newVersion）：在数据库的版本发生变化时会被调用，一般在软件升级时才需改变版本号，而数据库的版本是由程序员控制的，假设数据库现在的版本是 1，由于业务的变更，修改了数据库表结构，这时候就需要升级软件，升级软件时希望更新用户手机里的数据库表结构，为了实现这一目的，可以把数据库版本设置为 2 或者其他与旧版本号不同的数字即可。

代码示例：

```java
class MyDBHelper extends SQLiteOpenHelper{
        //构造器，用于创建数据库
        public MyDBHelper(Context context, String name, SQLiteDatabase.CursorFactory factory, int version) {
            super(context, name, factory, version);
        }

        //数据库第一次创建时被调用，创建数据表
        @Override
        public void onCreate(SQLiteDatabase db) {
            //创建一个数据表，名字是 Students，字段有 _id、name、sex、age
            String sql="CREATE TABLE IF NOT EXISTS Students(_id INTEGER PRIMARY KEY AUTOINCREMENT,name VARCHAR(20),sex BOOLEAN,age INTEGER)";
            db.execSQL(sql);
        }

        //数据库版本号发生改变时（版本升级）被调用
        @Override
        public void onUpgrade(SQLiteDatabase db, int oldVersion, int newVersion) {
            String sql="ALTER TABLE Students ADD phone VARCHAR(12)";
            db.execSQL(sql);
        }
    }
```

MainActivity.java 文件中的 onCreate 方法：

```java
@Override
    protected void onCreate(Bundle savedInstanceState) {
        super.onCreate(savedInstanceState);
        setContentView(R.layout.activity_main);
        //创建一个数据库，名字是 mydb
        myDBHelper = new MyDBHelper(this, "mydb", null, 1);
        SQLiteDatabase sqLiteDatabase = myDBHelper.getWritableDatabase();
    }
```

代码解析：

上述代码第一次启动应用，会创建一个 mydb 的文件，并且会执行 Activity 的 onCreate()里的方法。创建一个 Students 的表，它有 4 个字段，主键_id 和 name、sex、age 字段。接着如果修改 mydb 的版本号，那么下次启动就会调用 onUpgrade()里的方法，往表中再插入一个字段。

具体流程：

步骤 1：自定义一个类继承 SQLiteOpenHelper 类。

步骤 2：为该类提供一个构造方法。

步骤 3：重写 onCreate()方法创建表结构。

步骤 4：重写 onUpgrade()方法定义版本号发生改变后执行的操作。

5.3.3　查看生成 db 文件的方法

当调用上面的 MyDBHelper 对象的 getWritableDatabase()就会在如图 5.15 所示的目录下创建 mydb 数据库文件。

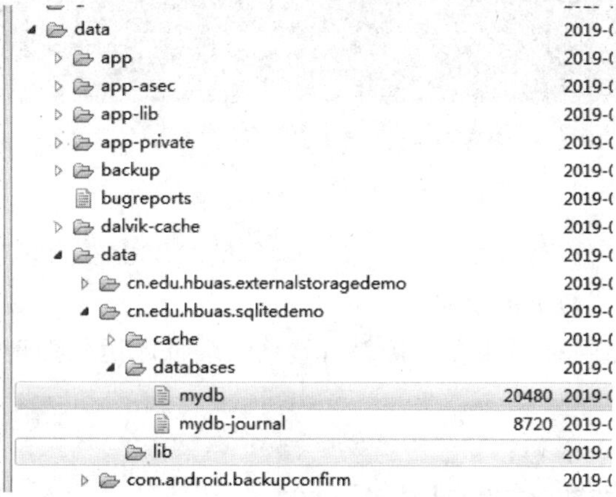

图 5.15

可以发现数据库有两个，前者是用户创建的数据库，而后者则是为了能让数据库支持事务而产生的临时的日志文件。而在 File Explorer 里是打不开文件的，所以给初学者提供两种解决方案：

（1）先导出来，然后用 SQLite 的图形化工具查看。

（2）通过 adb shell 来查看。

方法 1：使用 SQLite 图形化工具查看 db 文件。

把 db 文件导出到电脑桌面，打开 SQLiteExpert，界面如图 5.16 所示。

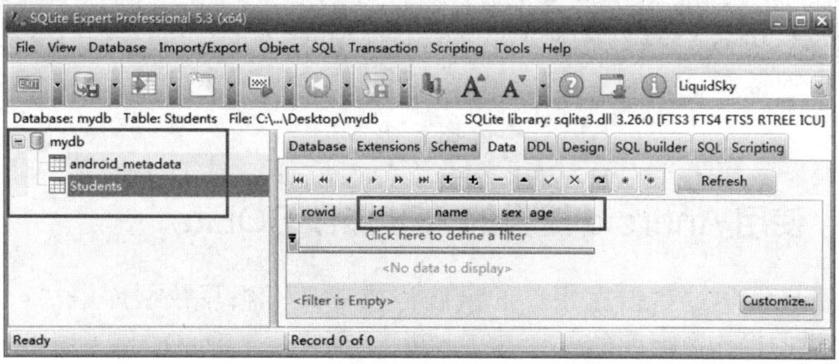

图 5.16

方法 2：adb shell 命令行。

在 androidSDK 的 platform-tools 文件夹下打开命令窗口，adb root→adb shell→cd /data/data/cn.edu.hbuas.sqlitedemo/databases，来到 App 的 databases 目录下，ls 列表文件如图 5.17 所示。

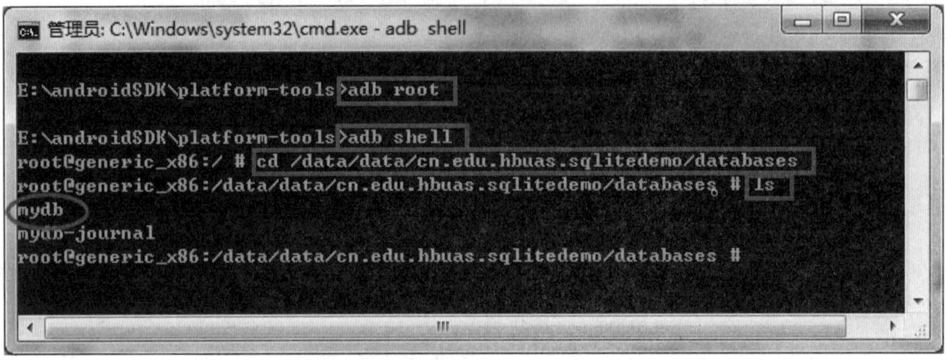

图 5.17

如图 5.18 所示，可以依次输入下述指令进行数据库文件的简单操作：

sqlite3 mydb：打开数据库文件；

.table 查看数据库中有哪些表，接着直接输入数据库语句即可，比如查询：Select * from Students;

.schema：查看建表语句；

.mode column：格式化输出查询结果；

.quit：退出数据库的编辑；

.exit：退出设备控制台。

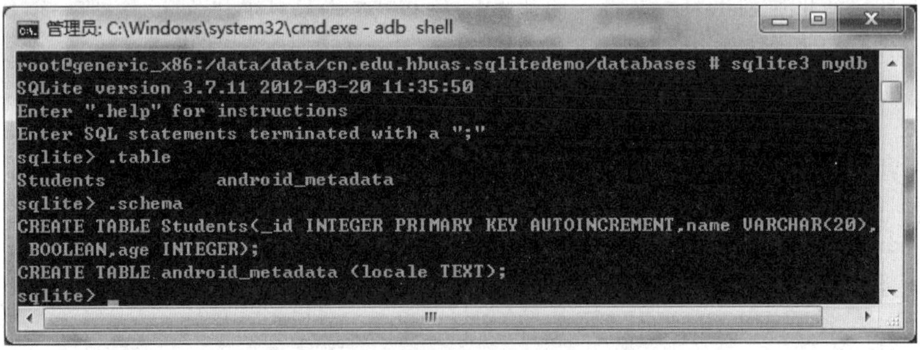

图 5.18

5.3.4 使用 Android 提供的 API 操作 SQLite

假如某用户没学过数据库相关的语法，或者又不想写数据库语法，就可以使用 Android 给提供的操作数据库的一些 API 方法，下面来写个简单的例子用于演示这些 API 的用法。

（1）新建一个 module，命名为 SQLiteDemo。

（2）布局文件 activity_main.xml。

```
<?xml version="1.0" encoding="utf-8"?>
<LinearLayout xmlns:android="http://schemas.android.com/apk/res/android"
    xmlns:app="http://schemas.android.com/apk/res-auto"
    xmlns:tools="http://schemas.android.com/tools"
    android:layout_width="match_parent"
    android:layout_height="match_parent"
    android:orientation="vertical"
    tools:context=".MainActivity">

    <Button
        android:layout_width="match_parent"
        android:layout_height="wrap_content"
        android:onClick="createdb"
        android:text="创建数据库 mydb"/>
    <Button
        android:layout_width="match_parent"
        android:layout_height="wrap_content"
        android:onClick="updatedb"
        android:text="更新数据库，增加一个字段 phone"/>
    <Button
        android:layout_width="match_parent"
        android:layout_height="wrap_content"
        android:text="插入一条数据"
        android:onClick="insertdb"/>
    <Button
        android:layout_width="match_parent"
        android:layout_height="wrap_content"
        android:text="使用 SQL 语句查询数据"
        android:onClick="rawquerydb"/>
    <Button
        android:layout_width="match_parent"
        android:layout_height="wrap_content"
        android:text="通过 ContentValues 插入数据"
        android:onClick="contentvaluesinsertdb"/>
```

```
    <Button
        android:layout_width="match_parent"
        android:layout_height="wrap_content"
        android:text="删除第一条数据"
        android:onClick="deletedb"/>
    <Button
        android:layout_width="match_parent"
        android:layout_height="wrap_content"
        android:text="修改第二条数据，姓名改为 wangwu，年龄改为 10"
        android:onClick="updatedatadb"/>
    <Button
        android:layout_width="match_parent"
        android:layout_height="wrap_content"
        android:text="结构化查询数据"
        android:onClick="querydb"/>

</LinearLayout>
```

（3）MainActivity.java。

```
public class MainActivity extends AppCompatActivity {
    MyDBHelper myDBHelper;
    SQLiteDatabase sqLiteDatabase;

    @Override
    protected void onCreate(Bundle savedInstanceState) {
        super.onCreate(savedInstanceState);
        setContentView(R.layout.activity_main);
    }

    public void createdb(View view) {
        //创建一个数据库，名字是 mydb，版本号为 1
        myDBHelper = new MyDBHelper(this, "mydb", null, 1);
        sqLiteDatabase = myDBHelper.getWritableDatabase();
        sqLiteDatabase.close();
        myDBHelper.close();
    }
```

```
public void updatedb(View view) {
    //给出一个新的版本号 2，触发调用 onUpgrade 方法
    myDBHelper = new MyDBHelper(this, "mydb", null, 2);
    sqLiteDatabase = myDBHelper.getWritableDatabase();
    sqLiteDatabase.close();
    myDBHelper.close();
}

public void insertdb(View view) {
    myDBHelper = new MyDBHelper(this, "mydb", null, 2);
    sqLiteDatabase = myDBHelper.getWritableDatabase();
    String sql ="insert into Students(name,sex,age) values('zhangsan',0,29)";
    sqLiteDatabase.execSQL(sql);
    sqLiteDatabase.close();
    myDBHelper.close();
}

public void rawquerydb(View view) {
    myDBHelper = new MyDBHelper(this, "mydb", null, 2);
    sqLiteDatabase = myDBHelper.getWritableDatabase();
    String sql ="select * from Students";
    String str="";
    Cursor cursor = sqLiteDatabase.rawQuery(sql,null);
    while (cursor.moveToNext()){
        String name = cursor.getString(cursor.getColumnIndex("name"));
        int age = cursor.getInt(cursor.getColumnIndex("age"));
        str+=name;
        str+=age;
        str+=";";
    }
    Toast.makeText(this,str,Toast.LENGTH_SHORT).show();
    cursor.close();
    sqLiteDatabase.close();
    myDBHelper.close();
}

public void contentvaluesinsertdb(View view) {
```

```
        myDBHelper = new MyDBHelper(this, "mydb", null, 2);
        sqLiteDatabase = myDBHelper.getWritableDatabase();
        ContentValues contentValues = new ContentValues();
        contentValues.put("name","lisi");
        contentValues.put("sex",false);
        contentValues.put("age",20);
        sqLiteDatabase.insert("Students",null,contentValues);
        sqLiteDatabase.close();
        myDBHelper.close();
    }

    public void deletedb(View view) {
        myDBHelper = new MyDBHelper(this, "mydb", null, 2);
        sqLiteDatabase = myDBHelper.getWritableDatabase();
        sqLiteDatabase.delete("Students","_id=?",new String[]{"1"});
        sqLiteDatabase.close();
        myDBHelper.close();
    }

    public void updatedatadb(View view) {
        myDBHelper = new MyDBHelper(this, "mydb", null, 2);
        sqLiteDatabase = myDBHelper.getWritableDatabase();
        ContentValues contentValues = new ContentValues();
        contentValues.put("name","wangwu");
        contentValues.put("age",10);
        sqLiteDatabase.update("Students",contentValues,"_id=?",new String[]{"2"});
        sqLiteDatabase.close();
        myDBHelper.close();
    }

    public void querydb(View view) {
        myDBHelper = new MyDBHelper(this, "mydb", null, 2);
        sqLiteDatabase = myDBHelper.getWritableDatabase();
        String str="";
        Cursor cursor = sqLiteDatabase.query("Students",new String[]{"name","sex"},"_id=?
and age>?",new String[]{"2","9"},null,null,null);
        while (cursor.moveToNext()){
```

```
                String name = cursor.getString(cursor.getColumnIndex("name"));
                int sex = cursor.getInt(cursor.getColumnIndex("sex"));
                str+=name;
                str+=sex;
                str+=";";
            }
            Toast.makeText(this,str,Toast.LENGTH_SHORT).show();
            cursor.close();
            sqLiteDatabase.close();
            myDBHelper.close();
        }


        class MyDBHelper extends SQLiteOpenHelper{
            //构造器，用于创建数据库
            public MyDBHelper(Context context, String name, SQLiteDatabase.CursorFactory
factory, int version) {
                super(context, name, factory, version);
            }

            //数据库第一次创建时被调用，创建数据表 Students
            @Override
            public void onCreate(SQLiteDatabase db) {
                //创建一个数据表，名字是 Students，字段有 _id、name、sex、age
                String sql="CREATE TABLE IF NOT EXISTS Students(_id INTEGER PRIMARY
KEY AUTOINCREMENT,name VARCHAR(20),sex BOOLEAN,age INTEGER)";
                db.execSQL(sql);
            }

            //数据库版本号发生改变时（版本升级）被调用，增加一个字段
            @Override
            public void onUpgrade(SQLiteDatabase db, int oldVersion, int newVersion) {
                String sql="ALTER TABLE Students ADD phone VARCHAR(12)";
                db.execSQL(sql);
            }
        }
    }
```

（4）运行效果，见图 5.19。

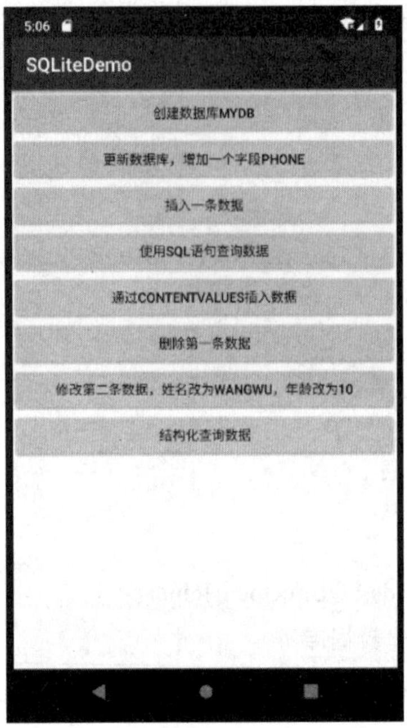

图 5.19

① 点击“创建数据库 mydb”按钮，从 DDMS 中查看，在指定文件夹下出现如图 5.20 所示的 mydb 文件。

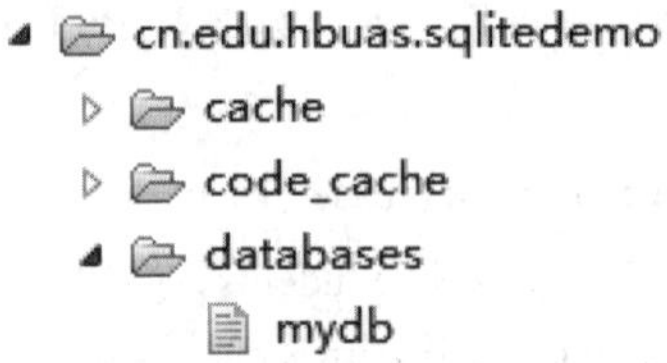

图 5.20

把 mydb 文件导出至电脑桌面，打开 SQLiteExpert，弹出如图 5.21 所示界面。

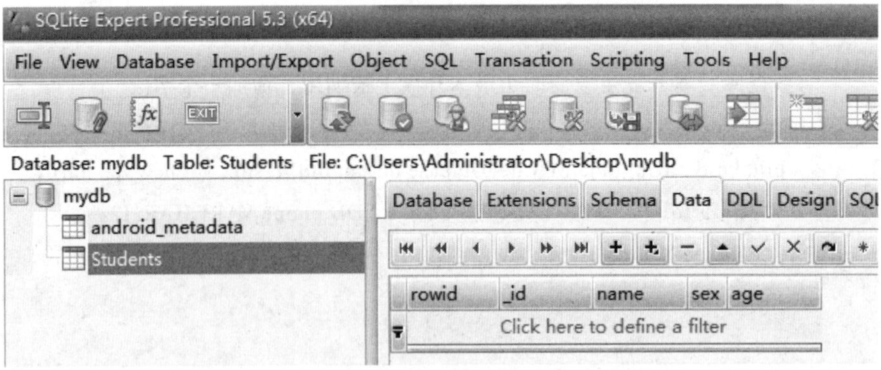

图 5.21

② 点击“更新数据库，增加一个字段 phone”按钮，把 mydb 文件导出至电脑桌面，打开 SQLiteExpert，弹出如图 5.22 所示的界面。

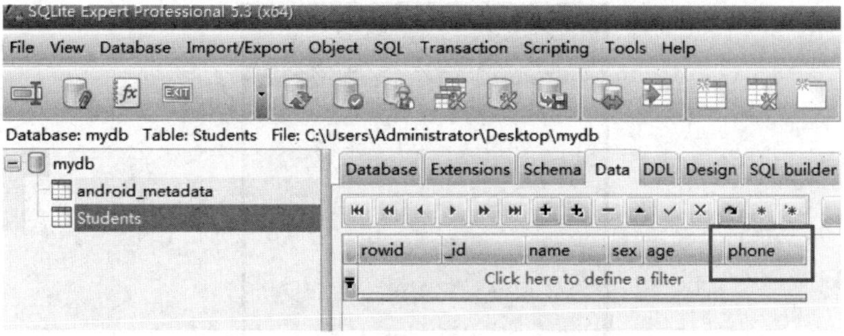

图 5.22

③ 点击“插入一条数据”按钮，把 mydb 文件导出至电脑桌面，打开 SQLiteExpert，弹出如图 5.23 所示的界面。

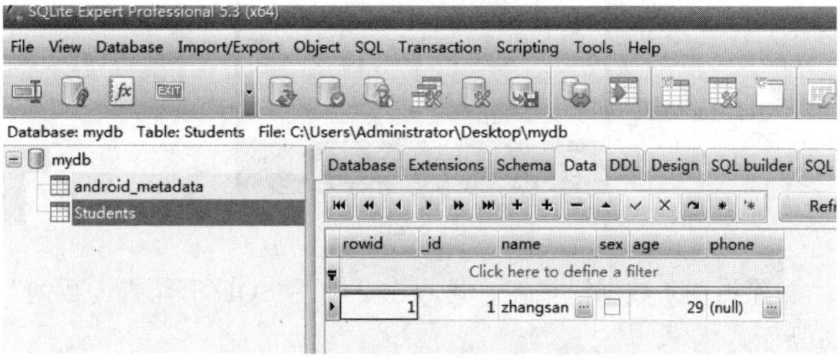

图 5.23

④ 点击“使用 SQL 语句查询数据”按钮，页面显示如图 5.24 所示。

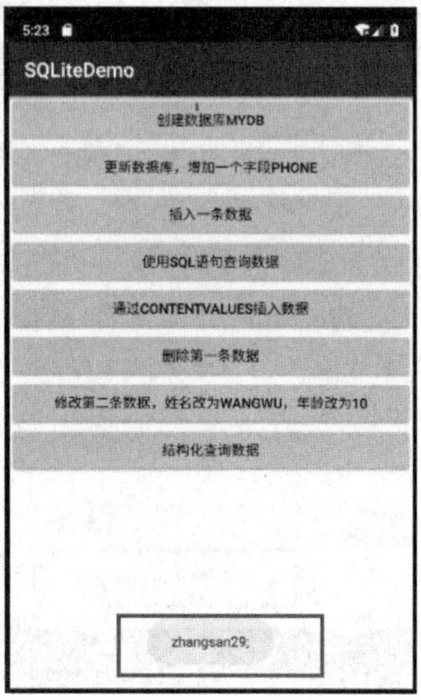

图 5.24

⑤ 点击“通过 ContentValues 插入数据”按钮，再点击“使用 SQL 语句查询数据”按钮，页面显示如图 5.25 所示。

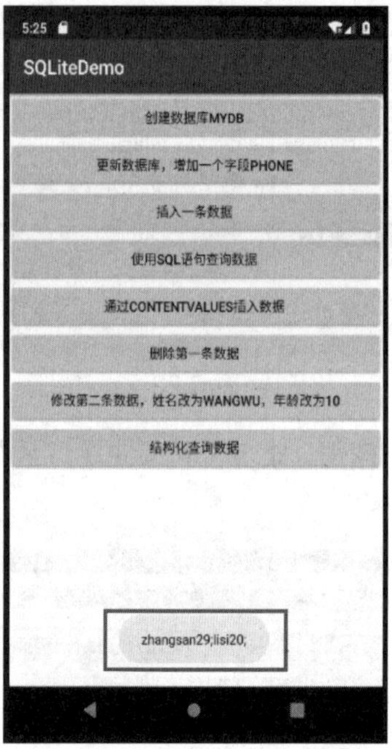

图 5.25

⑥ 点击“删除第一条数据”按钮，再点击“使用 SQL 语句查询数据”按钮，页面显示如图 5.26 所示。

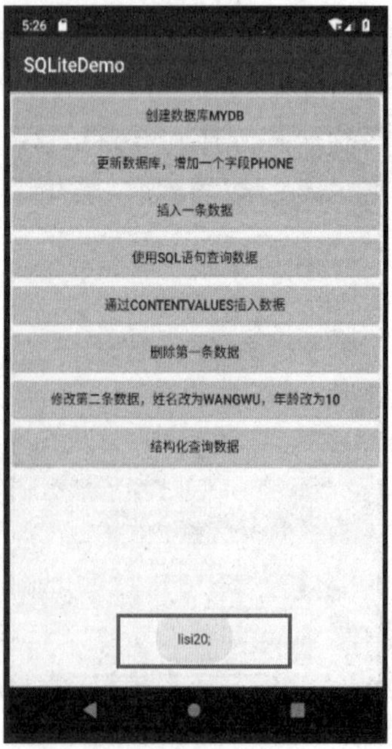

图 5.26

⑦ 点击“修改第二条数据，姓名改为 wangwu，年龄改为 10”按钮，再点击“使用 SQL 语句查询数据”按钮，页面显示如图 5.27 所示。

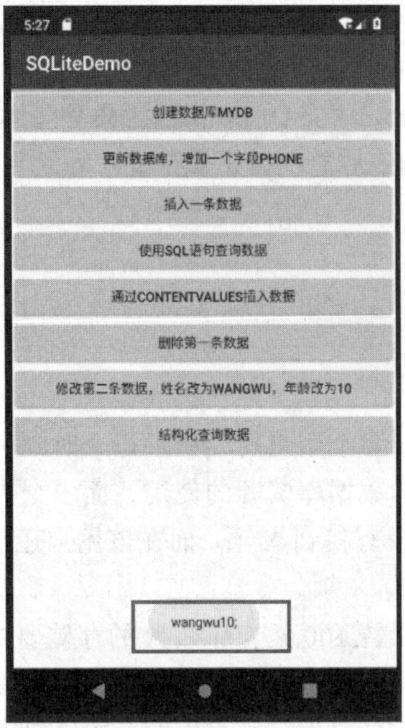

图 5.27

⑧ 点击“结构化查询数据”按钮，页面显示如图 5.28 所示。

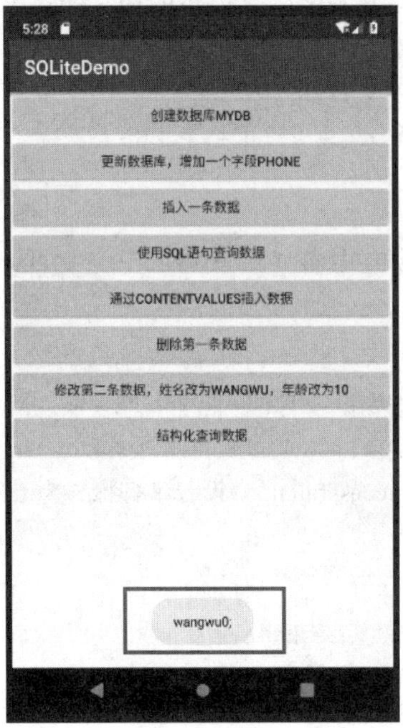

图 5.28

5.4 又见 SQLite 数据库

本节引言

上一节已学习了 Android 中 SQLite 的基本操作。本节我们将学习稍微高级点的数据库事务，比如如何将大二进制数据存储到数据库中，以及版本升级时数据库如何处理的相关知识。

5.4.1 SQLite 事务

我们都知道数据库是面向多个用户的，如果每个时刻只有一名用户在操作数据库，其他用户需要等待，这很影响数据库资源的使用，而多个人并发访问又容易发生问题，比如 A 用户查询某种表时并没有找到 X 项。而在该用户还没完成操作之前，另一个用户插入了 X 项而 A 依旧认为没有 X 项。

举个形象的例子，A 给 B 转 100 元，那么 A 的存储要减少 100 元，B 的存款也增加 100 元，两个条件要同时满足才能完成交易（提交事务）。假如 B 账户的钱没有增加，但是 A 账户已经扣了 100 元，这样显然是不可以的，所以要把 A 的 100 元返还给 A，就是恢复原样（事务回滚）。

概括来说就是两个或多个操作捆绑到一起的操作，只有所有操作都执行了，事务才算执行完毕，才提交如果有一个操作没有执行的话，那么事务就会回滚，计算恢复原形，之前做的都会撤销。

简单例子：用户 1 给用户 2 转账 10 元。

```
Public void transaction()
{
    SqliteDatabase db = dbOpenHelper.getWritableDatabase();
    db.beginTransaction();      //开启事务
    try{
        db.execSQL( "update person set amount=amount -10 where personid=1" );
        db.execSQL( "update person set amount=amount +10 where personid=1" );
        db.setTransactionSuccessful();  //设置事务标志为 true，表示提交事务
    }finally
    {
        db.endTransaction();  //结束事务
    }
}
```

相法方法介绍：

beginTransaction()：开启画务

endTransaction()：结束事务

结束事务的结果有两种，事务回滚或者提交，而决定回滚还是提交决定于一个标记，默认为 false，即回滚；所以想提交的话需要调 setTransactionSuccessful()设置为 true。而这里使用 finally 块是为了避免某个语句执行发生错误，导致程序的意外停止，后面结束事务的操作没执行。

简单点说就是，写在事务里的所有数据库操作都成功，事务提交，否则，事务回滚，就是回到前面的状态——未执行数据库操作的时候。另外，前面已介绍在 data/data/<包名>/database/目录下除了有用户创建的 db 文件外，还有一个是用来让数据库支持事务而产生的临时的日志文件 ×××.db-journal。

5.4.2 SQLite 存储大二进制文件

用户一般很少往数据库中存储大二进制文件，比如图片、音频、视频等，对于这些一般是存储文件路径。下面介绍如何将图片保存到 SQLite 中，以及读取 SQLite 中的图片。

1. 保存图片到 SQLite 中

（1）在创建数据库表的时候，需要创建一个 BLOB 的字段，用于存储二进制的值。

db.execSQL(“Create table test(_id INTEGER PRIMARY KEY AUTOINCREMENT, head_img BLOB)”);

（2）将图片转换为 BLOB 格式（这里是以 ImageView 为例，如果是普通图片只需要转换成 Bitmap 再调用即可）。

```
SQLiteDatabase db=mDBService.getWritableDatabase();   //得到数据库
try{
    ByteArrayOutputStream outs=new ByteArrayOutputStream();
    ((BitmapDrawable) imageview.getDrawable()).getBitmap().compress(
        CompressFormatPNG, 100, outs); //压缩为 PNG 格式，100 表示跟原图大小一样
    Object[] args=new Object[] {outs.toByteArray()};
    db.execSQL( “INSERT INTO test(head_img) values(?)” , args);
    outs.close();
    db.close();
}catch (Exception e) {e.printStackATrace();}
```

2. 读取 SQLite 中的图片

```
SQLiteDatabase db=mDBService.getreadableDatabase();
Cursor cursor=db.rawQuery( "SELECT head_img FROM test" , null);
if(cursor!=null)
{
    If(cursor.moveToFirst())
    {
    //取出图片保存到字节数组中
            byte[] img=cursor.getBlob(cursor.getColumnindex( "head_img" ));
    }
}
if(cursor!=null)cursor.close();
//将图片显示到 ImageView 上
if(img!=null)
{
    ByteArrayInputStream bin=new ByteArrayInputStream(img);
    Imageview.setImageDrawable(Drawable.createFromStream(bin,  "img" ));
}
```

5.4.3 SimpleCursorAdapter 绑定数据库数据

前面在介绍 ContentProvider 时，就使用过 SimpleCursorAdapter 来绑定联系人列表，这里就不写实例了，直接列出核心代码。另外，现在用户一般很少自己写数据库的内容，一般是通过第三方的框架，如 ormlite，greenDao 等获取。

1. 核心代码

```
list=(ListView) findViewById(Rid.mylist);
MyDBOpenHelper mydb=new MyDBOpenHelper(this);
//查询数据
Cursor cursor=mydb.query("select personid AS_id, name from person", null);
//绑定数据
SimpleCursorAdapter simpleCursorAdapter=new SimpleCursorAdapter(this,
R.layoutlistitem, cursor,
New String[]{"name"}, new int[]{R.id.listtext});
listsetAdapter (simpleCursorAdapter);
```

2. 代码解析

SimpleCursorAdapter()的参数依次为：this, Listview 对应的列表项的布局 id, cursor 对象，对应字段，显示数据的组件。

5.4.4 数据库升级的常见方式方法

1. 数据库版本及升级方法

假如我们开发了一款 App，里面用到了数据库，假定这个数据库版本为 v1.0，在这个版本中创建一个 x.db 的数据库文件，通过 onCreate()方法创建了第一个 table，t_user，里面有两个字段：_id，user_id。若想再增加一个字段 user_name，这个时候我们就需要对数据库表的结构进行修改了，可以把更新数据库的操作放到 onUpgrade()方法中，具体操作是在实例化自定义 SQLiteOpenHelper 的时候，修改版本号，比如把 1 改成 2，就会自动调用 onUpgrade()了。另外，对于每个数据库版本都应该做好相应的记录（文档），类似于图 5.29 所示这种。

数据库版本	andoid 对应版本	内容
v1.0	1	第一个版本，包含两个字段...
v1.1	2	数据保留，新增 user_name 字段

图 5.29

2. 数据库升级的问题及相关解决方案

（1）应用升级，数据库文件是否会删除？

答：不会。

（2）如果想删除表中某个字段或者增加一个新的字段，原先的数据还在吗？

答：在。

（3）粗暴地更新数据库版本，不保留数据如何做？

答：这里用的是第三方的 ormlite，用户可以自己写数据库创建以及删除，代码为：

```
@Override
public void onCreate(SQLiteDatabase db, ConnectionSource connectionSource) {
    try {
        TableUtils.createTable(connectionSource, UserEntity.class);
    } catch (SQLException e) {
        e.printstackTrace();
    }
```

```
}
@Override
public vold onUpgrade(SQLiteDatabase db, ConnectionSource connectionSource,
        int arg2, int arg3) {
    try {
        TableUtils.dropTable(connectionsource, UserEntity.class, true);
        onCreate(db, connectionSource);
    } catch(SQLException e) {
        e.printstackTrace();
    }
}
```

（4）假如已经升级到第三个版本了，在第二个版本增加了一个表，然后第三个版本也增加了一个表，假如用户直接从第一个版本升级到第三个版本，这样没经过第二个版本，就没有增加的那个表，这该如何做？

答：可以在 onUpgrade()里写一个 switch()，结构如下：

```
publicvoid onUpgrade(SQLiteDatabase db,ConnectionSource connectionSource,
            int arg2,int arg3){
    switch(arg2){
        case1:
            db.execSQL(第一个版本的建表语句);
        case2:
            db.execSQL(第二个版本的建表语句);
        case3:
            db.execSQL(第三个版本的建表语句);
    }
}
```

细心的用户可能发现这里并没有写 break，这就对了，这是为了保证跨版本升级时，每次数据库修改都能全部执行到，这样可以保证表结构都是最新的。另外不一定是建表语句，修改表结构也可以。

（5）旧表的设计太糟糕，很多字段要改，改动太多，想建一个新表，但是表名要一样，而且以前的一些数据要保存到新表中。

答：① 将旧表改名成临时表：ALTER TABLE User RENAME TO _temp_User;

② 创建新表：CREATE TABLE User （u_id INTEGER PRIMARY KEY，u_name VARCHAR（20），u_age VARCHAR（4））;

③ 导入数据：INSERT INTO User SELECT u_id，u_name，"18" FROM _temp_User；//原表中没有的要自己设个默认值；

④ 删除临时表：DROP TABLE_temp_User。

5.5 连接 MySQL 数据库

本节引言

本节介绍 Android 如何连接 MySQl 数据库。

5.5.1 基础知识

1. MySQL 数据库的连接方式

Android 连接数据库的方式有两种，第一种是通过连接服务器，再由服务器读取数据库来实现数据的增删改查，这也是我们常用的方式。第二种方式是 Android 直接连接数据库，这种方式非常耗用手机内存，而且容易被反编译，造成安全隐患，所以在实际项目中不推荐使用。

2. 准备工作

（1）加载外部 jar 包

在 Android 工程中要使用 jdbc 的话，要导入 jdbc 的外部 jar 包，因为在 Java 的 jdk 中并没有 jdbc 的 api。jar 包可以去官网下载，推荐下载使用的是 mysql-connector-java-5.1.47.jar。

（2）导入 jar 包的方式

方式 1：

可以在项目的 build.gradle 文件中直接添加如下语句导入：

compile files（'libs/mysql-connector-java-5.1.47.jar'）

方式 2：下载 jar 包并复制到项目的 libs 目录下。

5.5.2 使用 Android 连接 MySQL

（1）新建一个 module，命名为 MySQLDemo。

（2）下载 jar 包并将其复制到项目的 libs 目录下，见图 5.30。本项目的 MySQL 服务器版本对应的库文件是 mysql-connector-java-5.1.47.jar。

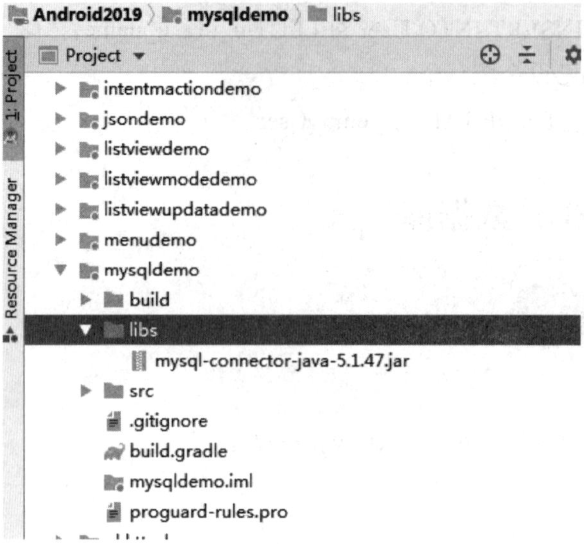

图 5.30

（3）布局文件 activity_main.xml。

```
<?xml version="1.0" encoding="utf-8"?>
<LinearLayout xmlns:android="http://schemas.android.com/apk/res/android"
    xmlns:app="http://schemas.android.com/apk/res-auto"
    xmlns:tools="http://schemas.android.com/tools"
    android:layout_width="match_parent"
    android:layout_height="match_parent"
    android:orientation="vertical"
    tools:context=".MainActivity">

    <Button
        android:layout_width="match_parent"
        android:layout_height="wrap_content"
        android:text="连接网络 MySQL 数据库"
        android:onClick="connMySQL"/>

</LinearLayout>
```

（4）Manifest.xml。

```
<?xml version="1.0" encoding="utf-8"?>
<manifest xmlns:android="http://schemas.android.com/apk/res/android"
    package="hbuas.edu.mysqldemo">
```

```
<uses-permission android:name="android.permission.INTERNET" />

<application
        android:allowBackup="true"
        android:icon="@mipmap/ic_launcher"
        android:label="@string/app_name"
        android:roundIcon="@mipmap/ic_launcher_round"
        android:supportsRtl="true"
        android:theme="@style/AppTheme">
        <activity android:name=".MainActivity">
            <intent-filter>
                <action android:name="android.intent.action.MAIN" />
                <category android:name="android.intent.category.LAUNCHER" />
            </intent-filter>
        </activity>
    </application>

</manifest>
```

（5）MainActivity.java。

```
public class MainActivity extends AppCompatActivity {

    @Override
    protected void onCreate(Bundle savedInstanceState) {
        super.onCreate(savedInstanceState);
        setContentView(R.layout.activity_main);
    }

    public void connMySQL(View view) {
        new Thread(new Runnable() {
            @Override
            public void run() {
                Connection connection=null;
                PreparedStatement preparedStatement=null;
                ResultSet resultSet =null;
                try {
                    Class.forName("com.mysql.jdbc.Driver");
```

```
                } catch (ClassNotFoundException e) {
                    e.printStackTrace();
                }
                String url = "jdbc:mysql://cdb-lnqytcmm.cd.tencentcdb.com:10029/AndroidTest?
useUnicode=true&characterEncoding=UTF-8";
                String user = "root";
                String password = "Onlooker00";
                String sql="select * from Students";
                try {
                    connection = DriverManager.getConnection(url,user,password);
                    preparedStatement=connection.prepareStatement(sql);
                    resultSet=preparedStatement.executeQuery();
                    while(resultSet.next()){
                        Log.e("ABCD","姓名："+resultSet.getString("name")+
                            "；年龄："+resultSet.getInt("age")+"；性别："+resultSet.getString("sex"));
                    }
                } catch (SQLException e) {
                    e.printStackTrace();
                }
            }
        }).start();
    }
}
```

（6）效果图，见图 5.31。

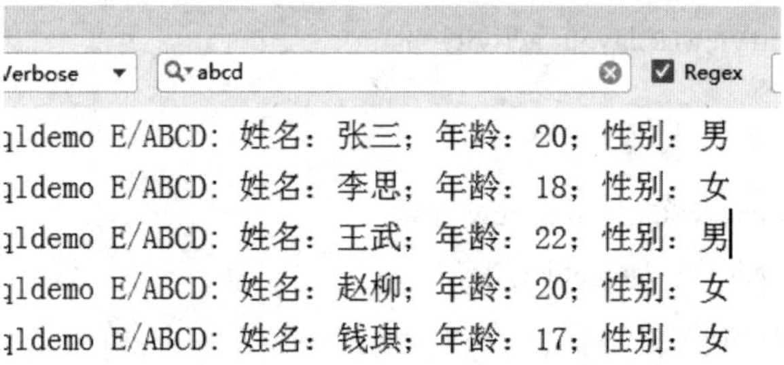

图 5.31

第 6 单元

网络访问案例

6.1 Android HTTP 请求方式

本节引言

本节主要介绍 Http 请求方式之一：OkHttp。一般在实际开发过程中，大多用户会选择使用别人封装好的第三方网络请求框架，比如 Volley、android-async-http、loopj 等，因为网络操作涉及异步以及多线程，直接用第三方框架更加便捷。

6.1.1 OkHttp 的介绍

OkHttp 是一个第三方类库，用于 Android 中的网络请求。这是一个开源项目，是安卓端最火热的轻量级框架，由移动支付 Square 公司贡献（该公司还贡献了 Picasso 和 LeakCanary）。用于替代 HttpUrlConnection 和 Apache HttpClient（Android API23 里已移除 HttpClient）。

在 Android Studio 中使用不需要下载 jar 包，直接添加依赖即可：

implementation 'com.squareup.okhttp3：okhttp：3.14.0'

版本号使用最新的版本号。

6.1.2 OkHttp 的使用步骤

使用 HttpURLConnection 的步骤如下：

（1）构造一个 OKHttpClient 对象：

OkHttpClient client = new OkHttpClient();

（2）创建一个 Request 对象：

Request.Builder builder = new Request.Builder();

（3）设置 URL：

builder.url（"http：：//www.baidu.com"）;

（4）创建一个表示请求的 Request 对象：

Request request = builder.build();

（5）创建一个 Call 对象：
Call call = client.newCall（request）;
（6）在非主线程/发起对网络资源的请求：
response = call.execute();

6.1.3　OkHttp 使用案例

（1）新建一个 module，命名为 OkHttpDemo。
（2）在项目 build.gradle 文件中的 dependencies 闭包下进行添加对 OkHttp 的依赖。
部分代码如下：

```
dependencies {
    ...
    implementation 'com.squareup.okhttp3:okhttp:3.14.0'
    ...
}
```

（3）在项目 build.gradle 文件中的 Android 下添加指定 jdk 版本的代码以解决 Android studio 导入依赖构建时报错：

Error：Static interface methods are only supported starting with Android N（--min-api 24）
部分代码如下：

```
android {
    ...
    compileOptions {
        sourceCompatibility JavaVersion.VERSION_1_8
        targetCompatibility JavaVersion.VERSION_1_8
    }
    ...
}
```

（4）在 AndroidManifest.xml 中添加权限。
部分代码如下：

```
<manifest xmlns:android="http://schemas.android.com/apk/res/android"
    package="cn.edu.hbuas.okhttpdemo">
    ...
    <uses-permission android:name="android.permission.INTERNET" />
    ...
</manifest>
```

（5）API 23 以后引入新的保护机制对于仅使用安全通信的应用，禁止了明文通信，如果一定要使用明文通信的话，则可在 AndroidManifest.xml 文件的 application 元素中添加：android：usesCleartextTraffic= “true” 作为一种临时的通信策略。

部分代码如下：

```
<manifest xmlns:android="http://schemas.android.com/apk/res/android"
    package="cn.edu.hbuas.okhttpdemo">
    ...
    <application
        ...
        android:usesCleartextTraffic="true"
        ...
    </application>
</manifest>
```

（6）布局文件 activity_main.xml。

```
<?xml version="1.0" encoding="utf-8"?>
<LinearLayout xmlns:android="http://schemas.android.com/apk/res/android"
    xmlns:app="http://schemas.android.com/apk/res-auto"
    xmlns:tools="http://schemas.android.com/tools"
    android:layout_width="match_parent"
    android:layout_height="match_parent"
    android:orientation="vertical"
    tools:context=".MainActivity">

    <Button
        android:layout_width="match_parent"
        android:layout_height="wrap_content"
        android:onClick="visitBaidu"
        android:text="访问百度"/>

</LinearLayout>
```

（7）MainActivity.java。

```
public class MainActivity extends AppCompatActivity {

    @Override
    protected void onCreate(Bundle savedInstanceState) {
```

```
            super.onCreate(savedInstanceState);
            setContentView(R.layout.activity_main);
        }

        public void visitBaidu(View view) {
            //创建 OKHttpClient 对象
            OkHttpClient client = new OkHttpClient();
            //创建 Request.Builder 对象，然后通过它设置 URL 等
            Request.Builder builder = new Request.Builder();
            builder.url("http://www.baidu.com");
            //通过 Request.Builder 对象的 build()方法，创建一个表示请求的 Request 对象
            Request request = builder.build();
            //通过 Request 对象创建一个 Call 对象
            final Call call = client.newCall(request);
            //发起对网络资源的请求
            new Thread(){
                public void run(){
                    Response response = null;
                    try {
                        response = call.execute();//阻塞方法，在非主线程中调用
                        Log.e("AAAA",response.body().string());
                    } catch (IOException e) {
                        e.printStackTrace();
                    }
                }
            }.start();
        }
    }
```

（8）运行效果，见图 6.1。

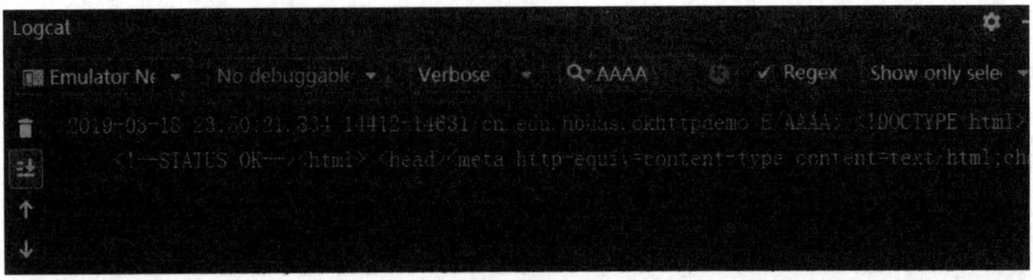

图 6.1

（9）上面的案例对网络资源的请求使用 call.execute()方法获得一个 response，该方法是一个阻塞方法，需要在非 UI 线程执行。这里也可以将 Request 请求加入到调度队列中，使用 Callback 的 onResponse()和 onFailure()方法监听响应。

MainActivity.java 参考代码如下：

```
public class MainActivity extends AppCompatActivity {

    @Override
    protected void onCreate(Bundle savedInstanceState) {
        super.onCreate(savedInstanceState);
        setContentView(R.layout.activity_main);
    }

    public void visitBaidu(View view) {
        //创建 OKHttpClient 对象
        OkHttpClient client = new OkHttpClient();
        //创建 Request.Builder 对象，然后通过它设置 URL 等
        Request.Builder builder = new Request.Builder();
        builder.url("http://www.baidu.com");
        //通过 Request.Builder 对象的 build()方法，创建一个表示请求的 Request 对象
        Request request = builder.build();
        //通过 Request 对象创建一个 Call 对象
        final Call call = client.newCall(request);
        //发起对网络资源的请求
        call.enqueue(new Callback() {
            @Override
            public void onFailure(Call call, IOException e) {

            }

            @Override
            public void onResponse(Call call, Response response) throws IOException {
                Log.e("AAAA",response.body().string());
            }
        });
    }
}
```

（10）在布局文件里增加一个 TextView，把访问结果输出到 TextView。MainActivity.java 部分参考代码如下：

```
//方法 1
        /*runOnUiThread(new Runnable() {
            @Override
            public void run() {
                try {
                    textView.setText(response.body().string());
                } catch (IOException e) {
                    e.printStackTrace();
                }
            }
        });*/
        //方法 2
        textView.post(new Runnable() {
            @Override
            public void run() {
                try {
                    textView.setText(response.body().string());
                } catch (IOException e) {
                    e.printStackTrace();
                }
            }
        });
```

（11）运行效果，见图 6.2。

图 6.2

6.1.4 OkHttp 提交表单数据

通过 Request.Builder 的 post（RequestBody body）方法来提交表单数据。

将需要提交的表单数据封装到一个 RequestBody 对象。

实际使用的是 RequestBody 的子类 FormBody 来封装表单数据。

通过 FormBody.Builder 内部类的构建。

Add（String name，String value）的方法可以用于封装表单数据。

（1）新建一个 module，命名为 OkHttpPostDemo。

（2）在项目 build.gradle 文件中的 dependencies 闭包下进行添加对 OkHttp 的依赖。

部分代码如下：

```
dependencies {
    ...
    implementation 'com.squareup.okhttp3:okhttp:3.14.0'
    ...
}
```

（3）在项目的 build.gradle 文件中的 Android 下添加指定 jdk 版本的代码以解决 Android studio 导入依赖构建时报错（Error：Static interface methods are only supported starting with Android N （--min-api 24）。

部分代码如下：

```
android {
    ...
    compileOptions {
        sourceCompatibility JavaVersion.VERSION_1_8
        targetCompatibility JavaVersion.VERSION_1_8
    }
    ...
}
```

（4）在 AndroidManifest.xml 中添加权限。

部分代码如下：

```
<manifest xmlns:android="http://schemas.android.com/apk/res/android"
    package="cn.edu.hbuas.okhttpdemo">
    ...
    <uses-permission android:name="android.permission.INTERNET" />
    ...
</manifest>
```

（5）编写 login.html 文件并放入 Tomcat 中，类似如下位置 D：\apache-tomcat-8.0.35\webapps\ROOT：

```
<HTML>
<BODY>
        <FORM name = "loginForm" action = "login.jsp" method = "post">
                姓名：<input type="text" name="username"><br/>
                密码：<input type="password" name="password"><br/>
                <input type="submit" value="提交"><br/>
        </FORM>
</BODY>
</HTML>
```

（6）编写 login.jsp 文件并放入 Tomcat 中，类似如下位置 D：\apache-tomcat-8.0.35\webapps\ROOT，并启动 Tomcat。

```
<%@ page contentType="text/html;charset=GBK" %>
<%
String username = request.getParameter("username");
String password = request.getParameter("password");
out.print("姓名："+username+"；密码："+ password);
%>
```

（7）布局文件 activity_main.xml。

```
<?xml version="1.0" encoding="utf-8"?>
<LinearLayout xmlns:android="http://schemas.android.com/apk/res/android"
    xmlns:app="http://schemas.android.com/apk/res-auto"
    xmlns:tools="http://schemas.android.com/tools"
    android:layout_width="match_parent"
    android:layout_height="match_parent"
    android:orientation="vertical"
    tools:context=".MainActivity">


    <LinearLayout
        android:layout_width="match_parent"
        android:layout_height="wrap_content"
        android:orientation="horizontal">
        <TextView
```

```
            android:layout_width="wrap_content"
            android:layout_height="wrap_content"
            android:text="姓名："/>
        <EditText
            android:id="@+id/et1"
            android:layout_width="wrap_content"
            android:layout_height="wrap_content"
            android:layout_weight="2"/>
    </LinearLayout>
    <LinearLayout
        android:layout_width="match_parent"
        android:layout_height="wrap_content"
        android:orientation="horizontal">
        <TextView
            android:layout_width="wrap_content"
            android:layout_height="wrap_content"
            android:text="密码："/>
        <EditText
            android:id="@+id/et2"
            android:layout_width="wrap_content"
            android:layout_height="wrap_content"
            android:layout_weight="2"/>
        </LinearLayout>
        <Button
        android:layout_width="match_parent"
        android:layout_height="wrap_content"
        android:onClick="submit"
        android:text="提交"/>
</LinearLayout>
```

（8）MainActivity.java。

```
public class MainActivity extends AppCompatActivity {
    EditText editText1;
    EditText editText2;


    @Override
```

```
    protected void onCreate(Bundle savedInstanceState) {
        super.onCreate(savedInstanceState);
        setContentView(R.layout.activity_main);
        editText1=findViewById(R.id.et1);
        editText2=findViewById(R.id.et2);
    }

    public void submit(View view) {
        //创建一个用于封装表单数据的 FormBody
        //它是通过其 Builder 来创建的
        FormBody.Builder builder = new FormBody.Builder();
        builder.add("username",editText1.getText().toString());
        builder.add("password",editText2.getText().toString());
        FormBody formBody = builder.build();

        OkHttpClient okHttpClient = new OkHttpClient();
        Request.Builder requestBuilder = new Request.Builder();
        requestBuilder.url("http://10.0.2.2:8080/login.jsp");
        requestBuilder.post(formBody);

        Call call=okHttpClient.newCall(requestBuilder.build());
        call.enqueue(new Callback(){
            @Override
            public void onFailure(Call call, IOException e) {
            }

            @Override
            public void onResponse(Call call, Response response) throws IOException {
                Log.e("KKKK",response.body().string());
            }
        });
    }
}
```

（9）运行效果，见图 6.3。

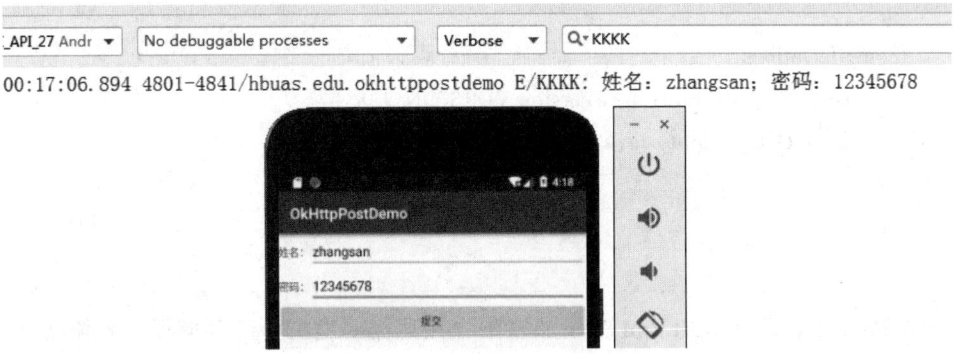

图 6.3

6.1.5 使用 OkHttp 提交文件到服务器

构建一个 MultipartBody，将需要上传的文件通过这个对象传递给服务器，有两个方法可使用：

addFormDataPart（String name，String filename，RequestBody body）：

name 为对应该文件的表单元素的名称，即类似<input type=“file” name=“myFile”>的 myfile。

filename 为要上传的文件名。

body 为封装了要上传的文件数据的 RequestBody，通过 RequestBody 的静态方法 create（okhttp3.MediaType contentType，File file）来构建一个 RequestBody 对象，其中 MediaType 为一个枚举对象，这里一般使用 Multipart.FORM。

addFormDataPart（String name，String value）：其他普通的表单元素。

案例：

（1）新建一个 module，命名为 OkHttpFileDemo。

（2）在项目 build.gradle 文件中的 dependencies 闭包下进行添加对 OkHttp 的依赖。

部分代码如下：

```
dependencies {
    ...
    implementation 'com.squareup.okhttp3:okhttp:3.14.0'
    ...
}
```

（3）在项目 build.gradle 文件中的 Android 下添加指定 jdk 版本的代码以解决 Android studio 导入依赖构建时报错（Error：Static interface methods are only supported starting with Android N（--min-api 24））。

部分代码如下：

```
android {
    ...
    compileOptions {
        sourceCompatibility JavaVersion.VERSION_1_8
        targetCompatibility JavaVersion.VERSION_1_8
    }
    ...
}
```

（4）在 AndroidManifest.xml 中添加权限（注意需要增加外部存储读写权限）。

部分代码如下：

```
<manifest xmlns:android="http://schemas.android.com/apk/res/android"
    package="cn.edu.hbuas.okhttpdemo">
    ...
    <uses-permission android:name="android.permission.INTERNET" />
    <uses-permission android:name="android.permission.WRITE_EXTERNAL_STORAGE" />
    <uses-permission android:name="android.permission.READ_EXTERNAL_STORAGE" />
    ...
</manifest>
```

（5）用户可自行架设一个 Tomcat 服务器，需注意的是 jdk 版本和 Tomcat 版本的匹配问题，Tomcat6 不支持 jdk1.8 版本，建议安装 Tomcat7 或更高版本，否则加载 jsp 页面会报错：An error occurred at line：1 in the generated java file。本案例使用的是 apache-tomcat-8.0.38，见图 6.4。

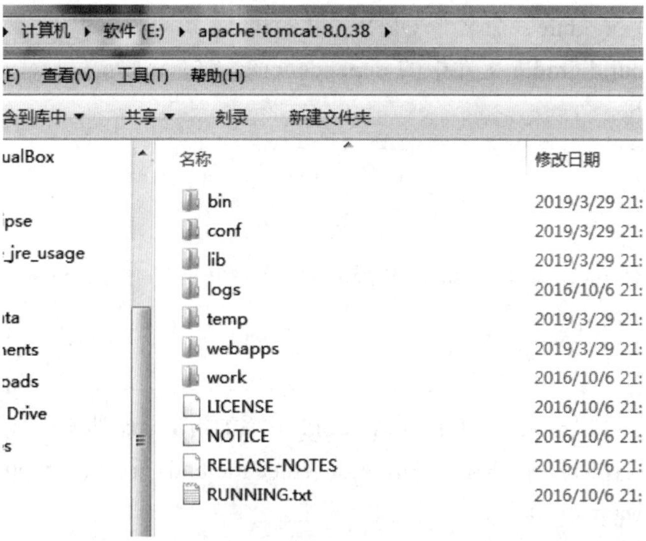

图 6.4

（6）从网上下载 commons-fileupload-1.3.1.jar 和 commons-io-2.4.jar 并把它们复制到 Tomcat 的 lib 库文件夹用于支持 jsp 的文件上传，见图 6.5。

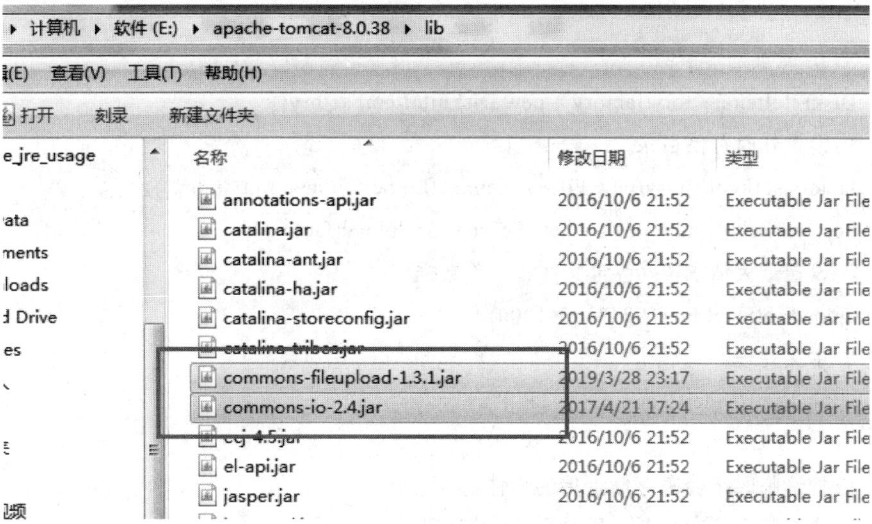

图 6.5

（7）编写 login2.html 文件，该文件用于测试 upload.jsp 文件的功能是否正常。

```
<html>
<head>
<meta charset="UTF-8">
<title>This page for FileUpload</title>
</head>
<body>
        <p>Choose the file for uploading:</p><br>
        <form action="upload.jsp" method=post enctype="multipart/form-data">
                    <input type=file name=fileforload size=30><br>
                    <input type=submit value=commit name=submit>
        </form>
</body>
</html>
```

（8）编写 upload.jsp 文件，该文件用于完成文件上传功能。

```
<%@ page language="java" contentType="text/plain; charset=UTF-8" pageEncoding="UTF-8"%>
<%@ page import="org.apache.commons.fileupload.disk.*,org.apache.commons.fileupload.*" %>
<%@ page import="org.apache.commons.fileupload.servlet.*,java.io.*" %>
<%@ page import="java.util.*"%>
```

```
<%
try{
        // 配置上传参数
     DiskFileItemFactory factory = new DiskFileItemFactory();
     // 设置临时存储目录
     factory.setRepository(new File(System.getProperty("java.io.tmpdir")));
     ServletFileUpload upload = new ServletFileUpload(factory);
     // 设置最大请求值 (包含文件和表单数据)
     upload.setSizeMax(1024*1024*200);
     // 中文处理
     upload.setHeaderEncoding("UTF-8");

     // 构造临时路径来存储上传的文件
     // 这个路径相对当前应用的目录
     String uploadPath = getServletContext().getRealPath("/") + File.separator + "upload";
     // 如果目录不存在则创建
     File uploadDir = new File(uploadPath);
     if (!uploadDir.exists()) {
                uploadDir.mkdir();
     }

     // 解析请求的内容提取文件数据
     List<FileItem> formItems = upload.parseRequest(request);
     if (formItems != null && formItems.size() > 0) {
       // 迭代表单数据
       for (FileItem item : formItems) {
                //判断是否为表单域
                if (item.isFormField()){

                }else{
                // 处理不在表单中的字段
                String fileName = new File(item.getName()).getName();
                InputStream fis = item.getInputStream();
                String filePath = uploadPath + File.separator + fileName;
                FileOutputStream fos = new FileOutputStream(filePath);
                byte[] buff = new byte[1024];
```

```
                    int len = 0;
                    while((len= fis.read(buff))>0){
                            fos.write(buff);
                    }
                    fis.close();
                    fos.close();
            }
    }
    }
    } catch (Exception ex) {
        request.setAttribute("message",
                "错误信息: " + ex.getMessage());
    }
    %>
```

（9）把 login2.html 和 upload.jsp 放到 Tomcat 的 webapps\ROOT 文件夹下，见图 6.6。

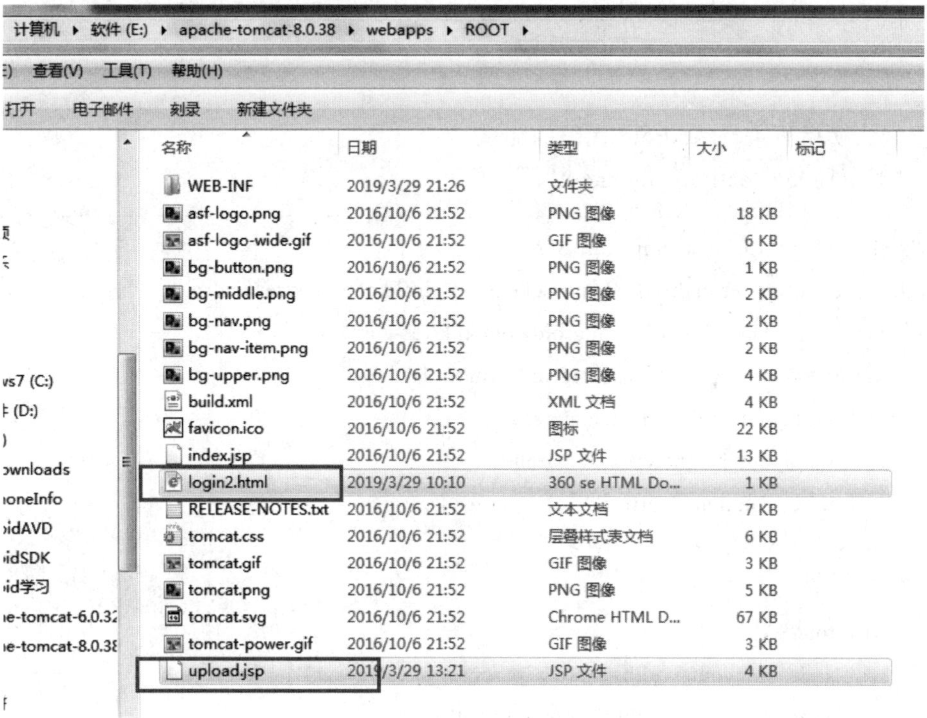

图 6.6

（10）启动 Tomcat 测试一下文件上传功能，见图 6.7。如果 Tomcat 启动控制台出现中文乱码，需要更改 Tomcat 根目录下“conf”子目录下的“logging.properties”文件中所有的“encoding = UTF-8”配置项，将其改为“encoding = GBK”。

图 6.7

测试成功后再进行 Android 代码的测试。

（11）布局文件 activity_main.xml。

```
<?xml version="1.0" encoding="utf-8"?>
<LinearLayout xmlns:android="http://schemas.android.com/apk/res/android"
    xmlns:app="http://schemas.android.com/apk/res-auto"
    xmlns:tools="http://schemas.android.com/tools"
    android:layout_width="match_parent"
    android:layout_height="match_parent"
    android:orientation="vertical"
    tools:context=".MainActivity">

    <Button
        android:layout_width="match_parent"
        android:layout_height="wrap_content"
        android:onClick="uploadFile"
        android:text="将指定文件上传到服务器"/>

</LinearLayout>
```

（12）MainActivity.java。

```
public class MainActivity extends AppCompatActivity {

    @Override
    protected void onCreate(Bundle savedInstanceState) {
        super.onCreate(savedInstanceState);
        setContentView(R.layout.activity_main);
    }

            //动态获取外部存储读写权限，API 23 以上使用
            public void requestAllPower() {
        if (ContextCompat.checkSelfPermission(this,
                Manifest.permission.WRITE_EXTERNAL_STORAGE)
                != PackageManager.PERMISSION_GRANTED) {
            if (ActivityCompat.shouldShowRequestPermissionRationale(this,
                    Manifest.permission.WRITE_EXTERNAL_STORAGE)) {
            } else {
                ActivityCompat.requestPermissions(this,
                        new
String[]{Manifest.permission.WRITE_EXTERNAL_STORAGE,
                                Manifest.permission.WRITE_EXTERNAL_STORAGE}, 1);
            }
        }
    }

    public void uploadFile(View view) throws IOException {
    //API 24 的模拟器需要调用动态获取权限方法
        requestAllPower();
        File file = new File("/storage/emulated/0/Download/zhaochuan.mp3");
        if(file.exists()){
            Toast.makeText(this, file.getName(), Toast.LENGTH_SHORT).show();
        }

        MultipartBody.Builder builder = new MultipartBody.Builder();
        builder.addFormDataPart("fileforload",file.getName(),RequestBody.create(MultipartBody.
FORM,file));
```

```
            MultipartBody body = builder.build();
            Request.Builder requestBuilder = new Request.Builder();

            requestBuilder.url("http://10.0.2.2:8080/upload.jsp").post(body);
            Request request = requestBuilder.build();
            OkHttpClient client = new OkHttpClient();
            Call call = client.newCall(request);
            call.enqueue(new Callback() {
                @Override
                public void onFailure(Call call, IOException e) {
                    e.printStackTrace();
                }

                @Override
                public void onResponse(Call call, Response response) throws IOException {
                    Log.e("KKKK","ABCDEFG");
                }
            });
        }
    }
```

（13）运行效果，见图 6.8。

图 6.8

6.1.6 使用 OkHttp 从服务器下载文件到模拟器指定位置

（1）新建一个 module，命名为 OkHttpFileDownloadDemo。

（2）在项目的 build.gradle 文件中的 dependencies 闭包下进行添加对 OkHttp 的依赖。

部分代码如下：

```
dependencies {
    ...
    implementation 'com.squareup.okhttp3:okhttp:3.14.0'
    ...
}
```

（3）在项目的 build.gradle 文件中的 android 下添加指定 jdk 版本的代码以解决 Android studio 导入依赖构建时报错（Error：Static interface methods are only supported starting with Android N （--min-api 24））。

部分代码如下：

```
android {
    ...
    compileOptions {
        sourceCompatibility JavaVersion.VERSION_1_8
        targetCompatibility JavaVersion.VERSION_1_8
    }
    ...
}
```

（4）在 AndroidManifest.xml 中添加权限（注意需要增加外部存储读写权限）。

部分代码如下：

```
<manifest xmlns:android="http://schemas.android.com/apk/res/android"
    package="cn.edu.hbuas.okhttpdemo">
    ...
    <uses-permission android:name="android.permission.INTERNET" />
    <uses-permission android:name="android.permission.WRITE_EXTERNAL_STORAGE" />
    <uses-permission android:name="android.permission.READ_EXTERNAL_STORAGE" />
    ...
</manifest>
```

（5）用户可自行架设一个 Tomcat 服务器，需注意的是 jdk 版本和 Tomcat 版本的匹配问题，Tomcat6 不支持 jdk1.8 版本，建议安装 Tomcat7 或更高版本，否则加载 jsp 页面会报错：An error occurred at line：1 in the generated java file，本案例使用的是 apache-tomcat-8.0.38，见图 6.9。

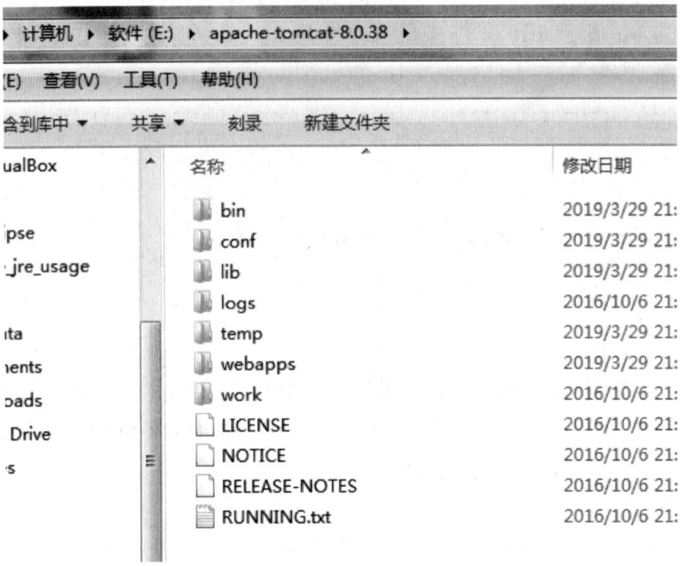

图 6.9

（6）在 Tomcat 服务器上预先放置一个用于测试下载的文件，见图 6.10。

图 6.10

（7）API 23 以后引入新的保护机制对仅使用安全通信的应用禁止了明文通信，如果一定要使用明文通信的话，则可以在 AndroidManifest.xml 文件的 application 元素中添加：android：usesCleartextTraffic=“true”作为一种临时的通信策略。

部分代码如下：

```
<manifest xmlns:android="http://schemas.android.com/apk/res/android"
    package="cn.edu.hbuas.okhttpdemo">
    ...
    <application
        ...
        android:usesCleartextTraffic="true"
```

```
    ...
    </application>
</manifest>
```

（8）布局文件 activity_main.xml。

```
<?xml version="1.0" encoding="utf-8"?>
<LinearLayout xmlns:android="http://schemas.android.com/apk/res/android"
    xmlns:app="http://schemas.android.com/apk/res-auto"
    xmlns:tools="http://schemas.android.com/tools"
    android:layout_width="match_parent"
    android:layout_height="match_parent"
    android:orientation="vertical"
    tools:context=".MainActivity">

    <Button
        android:layout_width="match_parent"
        android:layout_height="wrap_content"
        android:text="从服务器下载文件到模拟器"
        android:onClick="downloadFile"/>

</LinearLayout>
```

（9）MainActivity.java。

```
public class MainActivity extends AppCompatActivity {
    OkHttpClient client;
    String fileUrl = "http://10.0.2.2:8080/upload/zhaochuan.mp3";

    @Override
    protected void onCreate(Bundle savedInstanceState) {
        super.onCreate(savedInstanceState);
        setContentView(R.layout.activity_main);
        client = new OkHttpClient();
    }

    public void downloadFile(View view) {
        //API 23 以后都需要动态获取外部存储读写权限
        requestAllPower();
        //获得文件保存的路径
```

```
        String filePath = getFile(fileUrl);
        //文件输出流
        FileOutputStream outputStream = null;
        try {
            outputStream = new FileOutputStream(filePath);
        } catch (FileNotFoundException e) {
            e.printStackTrace();
        }
        final Request request = new Request.Builder().url(fileUrl).build();
        Call call = client.newCall(request);
        final FileOutputStream finalOutputStream = outputStream;
        call.enqueue(new Callback() {
            @Override
            public void onFailure(Call call, IOException e) {
                e.printStackTrace();
            }

            @Override
            public void onResponse(Call call, Response response) throws IOException {
                if(response.isSuccessful()){
                    InputStream inputStream = response.body().byteStream();
                    byte[] buffer = new byte[1024];
                    if(finalOutputStream !=null){
                        //边读边保存到文件
                        while (inputStream.read(buffer) != - 1){
                            finalOutputStream.write(buffer);
                            finalOutputStream.flush();
                        }
                        runOnUiThread(new Runnable() {
                            @Override
                            public void run() {
                                Toast.makeText(MainActivity.this, "下载完成", Toast.LENGTH_
SHORT).show();
                            }
                        });
                    }
                }
            }
```

```
        });
    }

    private String getFile(String url) {
        String filename = url.substring(url.lastIndexOf("/"),url.length());
        File file = Environment.getExternalStoragePublicDirectory(Environment.DIRECTORY_MUSIC);
        return    file.getAbsolutePath()+"/"+filename;
    }

    //动态获取外部存储读写权限
    public void requestAllPower() {
        if (ContextCompat.checkSelfPermission(this,
                Manifest.permission.WRITE_EXTERNAL_STORAGE)
                != PackageManager.PERMISSION_GRANTED) {
            if (ActivityCompat.shouldShowRequestPermissionRationale(this,
                    Manifest.permission.WRITE_EXTERNAL_STORAGE)) {
            } else {
                ActivityCompat.requestPermissions(this,
                        new String[]{Manifest.permission.WRITE_EXTERNAL_STORAGE,
                                Manifest.permission.WRITE_EXTERNAL_STORAGE}, 1);
            }
        }
    }
}
```

（10）运行效果，见图 6.11。

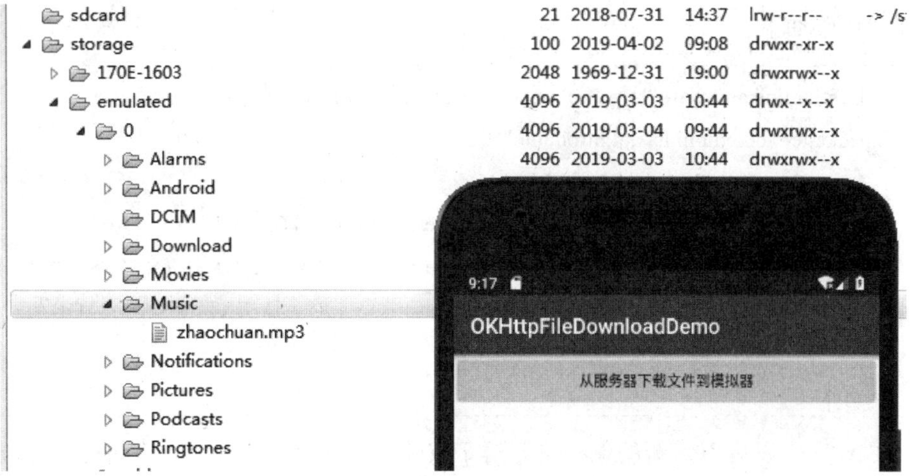

图 6.11

6.1.7 OkHttp 工具类的使用

（1）新建一个 module，命名为 OkHttpUtilDemo。

（2）在项目 build.gradle 文件中的 dependencies 闭包下进行添加对 OkHttp 的依赖。

部分代码如下：

```
dependencies {
    ...
    implementation 'com.squareup.okhttp3:okhttp:3.14.0'
    ...
}
```

（3）在项目 build.gradle 文件中的 android 下添加指定 jdk 版本的代码以解决 Android studio 导入依赖构建时报错（Error：Static interface methods are only supported starting with Android N （--min-api 24））。

部分代码如下：

```
android {
    ...
    compileOptions {
        sourceCompatibility JavaVersion.VERSION_1_8
        targetCompatibility JavaVersion.VERSION_1_8
    }
    ...
}
```

（4）在 AndroidManifest.xml 中添加权限（注意实现文件的上传下载需要增加外部存储读写权限）。

部分代码如下：

```
<manifest xmlns:android="http://schemas.android.com/apk/res/android"
    package="cn.edu.hbuas.okhttpdemo">
    ...
    <uses-permission android:name="android.permission.INTERNET" />
    <uses-permission android:name="android.permission.WRITE_EXTERNAL_STORAGE" />
    <uses-permission android:name="android.permission.READ_EXTERNAL_STORAGE" />
    ...
</manifest>
```

（5）API 23 以后引入新的保护机制对于仅使用安全通信的应用，禁止了明文通信，如果一定要使用明文通信（使用 get 方法）的话，则可以在 AndroidManifest.xml 文件的 application 元素中添加 android：usesCleartextTraffic= “true” 作为一种临时的通信策略。

部分代码如下：

```
<manifest xmlns:android="http://schemas.android.com/apk/res/android"
    package="cn.edu.hbuas.okhttpdemo">
    ...
    <application
        ...
        android:usesCleartextTraffic="true"
        ...
    </application>
</manifest>
```

（6）新建一个类 OKHttpUtil.java，见图 6.12。注意该段代码中 Android 使用 Handler 进行实例化（new）时，Handler handler = new Handler(); 会报错“Handler is abstract，cannot be instantiated.”，提示使用，其他实例化方式。原因：导入（import）库发生错误，使用 Android 的句柄（handler）库，不是 java 的句柄库；使用 “import android.os.Handler;” 代替 “import java.util.logging.Handler;” 即可。

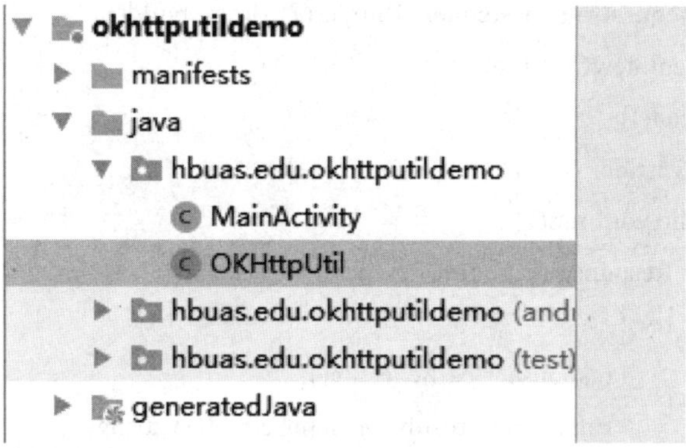

图 6.12

（7）OKHttpUtil.java 部分代码如下：

```
/**
 * OKHttp 封装类
 */
public class OKHttpUtil {
    private   OkHttpClient client;
    private Handler handler;
    private Call call;
```

```
public OKHttpUtil() {
    client = new OkHttpClient();
    //Handler 进行实例化(new)时,报错"Handler is abstract, cannot be instantiated.",
    // 提示使用其他实例化方式。
    // 原因：导入(import)库发生错误，使用 Android 的句柄(handler)库，不是 java 的句柄库;
    // 使用"import android.os.Handler;" 代替 "import java.util.logging.Handler;"即可。
    handler = new Handler(Looper.getMainLooper());
};

/**
 * 同步 get 请求
 *
 * @param url          请求的 url
 * @param listener   结果监听，它将在主线程中被调用
 */
public void get(String url,final ResponseListener listener){
    Request request = new Request.Builder().url(url).build();
    call = client.newCall(request);
    new Thread(){
        @Override
        public void run(){
            Response response;
            try {
                response = call.execute();
                final String result = response.body().string();
                //提交 Runnable 到线程的消息队列,Runnable 中的 run()方法中的操作
将会在 Handler 所 attached 的线程中被执行
                //这里的 Handler，在构造它的时候，指定 attached 的线程是主线程
                handler.post(new Runnable() {
                    @Override
                    public void run() {
                        listener.onSuccess(result);
                    }
                });
            } catch (IOException e) {
                handler.post(new Runnable() {
```

```
                        @Override
                        public void run() {
                            listener.onError(e);
                        }
                    });
                }
            }
        }.start();
    }

    /**
     * 异步 get 请求
     *
     * @param url           请求的 url
     * @param listener   结果监听，它将在主线程中被调用
     */
    public void getAsync(String url, ResponseListener listener){
        Request.Builder builder = new Request.Builder();
        builder.url(url);
        Request request = builder.build();
        call = client.newCall(request);
        call.enqueue(new Callback() {
            @Override
            public void onFailure(Call call, IOException e) {
                //通过 handler 将结果提交给 handler 所 attached 的消息队列
                handler.post(new Runnable() {
                    @Override
                    public void run() {
                        listener.onError(e);
                    }
                });
            }

            @Override
            public void onResponse(Call call, Response response) throws IOException {
                new Thread(){
                    @Override
```

```
                    public void run(){
                        try {
                            final    String result = response.body().string();
                            //通过 handler 将结果提交给 handler 所 attached 的消息队列
                            handler.post(new Runnable() {
                                @Override
                                public void run() {
                                    listener.onSuccess(result);
                                }
                            });
                        } catch (final IOException e) {
                            handler.post(new Runnable() {
                                @Override
                                public void run() {
                                    listener.onError(e);
                                }
                            });
                        }
                    }
                }.start();
            }
        });
    }

    /**
     * 异步 post 访问网络，并提交参数
     * @param url          网址
     * @param params       参数
     * @param listener   监听器
     */
    public void postAsync(@NonNull String url,
                          @Nullable HashMap<String,String> params,
                          @NonNull ResponseListener listener){
        FormBody.Builder formBuilder = new FormBody.Builder();
        if(params != null){
            for (Map.Entry<String,String> entry:params.entrySet()){
                formBuilder.add(entry.getKey(),entry.getValue());
```

```
            }
        }
        FormBody body = formBuilder.build();
        Request.Builder builder = new Request.Builder();
        builder.post(body);
        builder.url(url);

        Request request = builder.build();
        call = client.newCall(request);
        call.enqueue(new Callback() {
            @Override
            public void onFailure(Call call, IOException e) {
                listener.onError(e);
            }

            @Override
            public void onResponse(Call call, Response response) throws IOException {
                handler.post(new Runnable() {
                    @Override
                    public void run() {
                        try {
                            listener.onSuccess(response.body().string());
                        } catch (IOException e) {
                            listener.onError(e);
                        }
                    }
                });
            }
        });
    }

    /**
     * 上载文件
     *
     * @param url           上载文件服务器端处理程序的地址
     * @param params        表单参数
     * @param file          上载的文件
```

```
 * @param fileName  文件名，可为空，此时使用真正的文件名
 * @param listener  监听器
 */
public void uploadFile(@NonNull String url,
                       @Nullable HashMap<String,String> params,
                       @NonNull File file,
                       @Nullable String fileName,
                       @NonNull final ResponseListener listener){

}

/**
 * 下载文件
 *
 * @param url        下载文件 url
 * @param saveDir    下载文件保存的 SD 卡目录
 * @param fileName   保存的文件名，若为空，则保存原始文件名
 * @param listener   监听器
 */
public void downloadFile(@NonNull String url,
                         @NonNull File saveDir,
                         @Nullable String fileName,
                         @NonNull final ResponseListener listener){


}

//获得保存文件的路径
private String getFile(String savedDir,String fileName,String url){
    File file = null;
    String filename = null;
    if(filename == null)
        filename = url.substring(url.lastIndexOf("/"),url.length());
    else
        filename = fileName;
    if(savedDir == null){
        file  =  Environment.getExternalStoragePublicDirectory(Environment.DIRECTORY_
DOWNLOADS);
```

```
            }else{
                file = new File(savedDir);
            }
            return file.getAbsolutePath()+"/"+filename;
        }

        /**
         * 取消网络访问请求
         */
        public void cancel(){
            if(call != null)
                call.cancel();
        }

        /**
         * 响应接口监听器
         * 2 个方法可以在主线程中被调用
         */
        public interface ResponseListener{
            void onError(Exception e);
            void onSuccess(String result);
        }
    }
```

（8）布局文件 activity_main.xml。

```
<?xml version="1.0" encoding="utf-8"?>
<LinearLayout xmlns:android="http://schemas.android.com/apk/res/android"
    xmlns:app="http://schemas.android.com/apk/res-auto"
    xmlns:tools="http://schemas.android.com/tools"
    android:layout_width="match_parent"
    android:layout_height="match_parent"
    android:orientation="vertical"
    tools:context=".MainActivity">

    <Button
    android:layout_width="match_parent"
    android:layout_height="wrap_content"
```

```
        android:text="使用 OKHttpUtil 工具类同步 get 请求访问百度"
        android:onClick="visit1"/>
    <Button
        android:layout_width="match_parent"
        android:layout_height="wrap_content"
        android:text="使用 OKHttpUtil 工具类异步 get 请求访问百度"
        android:onClick="visit2"/>
    <TextView
        android:layout_width="match_parent"
        android:layout_height="wrap_content"
        android:id="@+id/tv1"/>

</LinearLayout>
```

（9）MainActivity.java。

```
public class MainActivity extends AppCompatActivity {
    TextView textView;

    @Override
    protected void onCreate(Bundle savedInstanceState) {
        super.onCreate(savedInstanceState);
        setContentView(R.layout.activity_main);
        textView=findViewById(R.id.tv1);
        requestAllPower();
    }

    //动态获取外部存储读写权限
    public void requestAllPower() {
        if (ContextCompat.checkSelfPermission(this,
                Manifest.permission.WRITE_EXTERNAL_STORAGE)
                != PackageManager.PERMISSION_GRANTED) {
            if (ActivityCompat.shouldShowRequestPermissionRationale(this,
                    Manifest.permission.WRITE_EXTERNAL_STORAGE)) {
            } else {
                ActivityCompat.requestPermissions(this,
                        new String[]{Manifest.permission.WRITE_EXTERNAL_STORAGE,
                                Manifest.permission.WRITE_EXTERNAL_STORAGE}, 1);
```

```
            }
        }
    }

    public void visit1(View view) {
        OKHttpUtil util = new OKHttpUtil();
        String url ="http://www.baidu.com";
        util.get(url, new OKHttpUtil.ResponseListener() {
            @Override
            public void onError(Exception e) {
                e.printStackTrace();
            }

            @Override
            public void onSuccess(String result) {
                textView.setText(result);
            }
        });
    }

    public void visit2(View view) {
        OKHttpUtil util = new OKHttpUtil();
        String url ="http://www.baidu.com";
        util.getAsync(url, new OKHttpUtil.ResponseListener() {
            @Override
            public void onError(Exception e) {
                e.printStackTrace();
            }

            @Override
            public void onSuccess(String result) {
                textView.setText(result);
            }
        });
    }
}
```

（10）新建一个类 AnotherOKHttpUtil.java，用于实现标准化通用访问网络。部分代码如下：

```
public class AnotherOKHttpUtil {
    OkHttpClient client;
    private  static Request request;
    Handler handler;

    private AnotherOKHttpUtil(){
        client = new OkHttpClient();
        handler = new Handler(Looper.getMainLooper());
    }

    static  class Builder{
        private MultipartBody.Builder multiBuilder = new MultipartBody.Builder();
        private Request.Builder builder = new Request.Builder();

        public Builder addParam(String key,String value){
            multiBuilder.addFormDataPart(key, value);
            return this;
        }

        public Builder addFile(File file,String fileName,String fileParam){
            multiBuilder.addFormDataPart(fileParam,
                    fileName,
                    RequestBody.create(MultipartBody.FORM,file));
            return this;
        }

        public Builder addUrl(String url){
            builder.url(url);
            return this;
        }

        public AnotherOKHttpUtil build(){
            builder.post(multiBuilder.build());
            request = builder.build();
```

```
            return new AnotherOKHttpUtil();
        }
    }

    /**
     * 异步 post 访问网络
     *
     * @param listener   监听器
     */
    public void postAsync(final   ResponseListener listener){
        Call call = client.newCall(request);
        call.enqueue(new Callback() {
            @Override
            public void onFailure(Call call, IOException e) {
                handler.post(new Runnable() {
                    @Override
                    public void run() {
                        listener.onError(e);
                    }
                });
            }

            @Override
            public void onResponse(Call call, Response response) throws IOException {
                handler.post(new Runnable() {
                    @Override
                    public void run() {
                        try {
                            listener.onSuccess(response.body().string());
                        } catch (IOException e) {
                            listener.onError(e);
                        }
                    }
                });
            }
        });
    }
```

```
    /**
     * 响应接口监听器
     * 2 个方法可以在主线程中被调用
     */
    public interface ResponseListener{
        void onError(Exception e);
        void onSuccess(String result);
    }
}
```

（11）布局文件 activity_main.xml 增加一个 Button。

部分代码如下：

```
<?xml version="1.0" encoding="utf-8"?>
<LinearLayout xmlns:android="http://schemas.android.com/apk/res/android"
    …
    <Button
        android:layout_width="match_parent"
        android:layout_height="wrap_content"
        android:text="使用 AnotherOKHttpUtil 通用工具类访问网络"
        android:onClick="visit3"/>
    …
</LinearLayout>
```

（12）MainActivity.java 增加如下代码：

```
public class MainActivity extends AppCompatActivity {
    …
    public void visit3(View view) {
        File file = new File("/storage/emulated/0/Download/tanweiwei.mp3");
        AnotherOKHttpUtil.Builder builder = new AnotherOKHttpUtil.Builder();
        builder.addFile(file,file.getName(),"fileforload");
        builder.addParam("username","lisi");
        builder.addParam("password","123456");
        builder.addUrl("http://10.0.2.2:8080/upload.jsp");

        AnotherOKHttpUtil util = builder.build();
        util.postAsync(new AnotherOKHttpUtil.ResponseListener() {
```

```
                @Override
                public void onError(Exception e) {
                    e.printStackTrace();
                }

                @Override
                public void onSuccess(String result) {
                    textView.setText(result);
                }
            });
        }
        ...
}
```

（13）参照 OKHttpFileDemo 进行相关测试，运行效果见图 6.13。

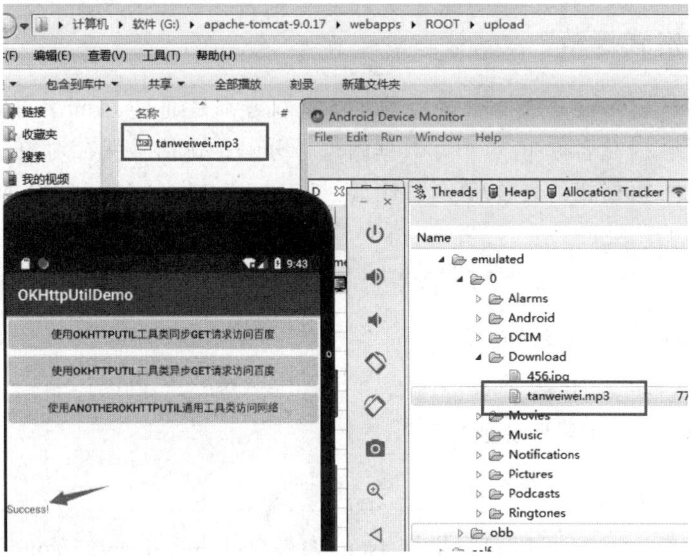

图 6.13

6.2 Android JSON 数据解析

本节引言

用户和服务器交互一般用得较多的数据传递方式都是 Json 字符串的形式，保存对象，也可以写成一个 Json 字符串然后存储。本节介绍使用 Android 自带的 Json 解析器来解析 Json。

6.2.1 Json 概念以及与 Xml 的比较

1. Json 是什么

JavaScript Object Natation，一种轻量级的数据交换格式，与 Xml 一样，广泛被采用的客户端和服务端交互的解决方案，具有良好的可读和便于快速编写的特性。

2. Json 与 Xml 的比较

（1）Json 和 Xml 的数据可读性基本相同；
（2）Json 和 Xml 同样拥有丰富的解析手段；
（3）Json 相对于 Xml 来讲，数据的体积小；
（4）Json 与 JavaScript 的交互更加方便；
（5）Json 对数据的描述性比 Xml 较差；
（6）Json 的速度要远远快于 Xml。

3. Json 的格式规范

如同协议一样，Json 是有一套规范的，毕竟双方都是通过 Json 字符串来传递数据，语法规则如下：数据在名称/值对中，数据由逗号分隔，花括号保存对象，方括号保存数组。Json 数据的书写格式：名称/值对。比如："person"："coder-pig"，下面给出一个简单的 Json 字符串：

```
[
    {"id":"1","name":"基祥","age":"18"},
    {"id":"2","name":"B 祥","age":"18"},
    {"id":"3","name":"曹祥","age":"18"}
]
```

用户除了解析 Json 还可以自行拼接 Json。如果自己拼接了一个 Json 字符串又不知道其正确性，可以检索找一个校验工具，比如 http：//www.runoob.com/jsontool，把 Json 字符串贴上去，直接进行校验。

6.2.2 Android 提供的 Json 解析类

这些 API 都存在于 org.json 包下，常用到的类有下面这些：

JsonObject：Json 对象，可以完成 Json 字符串与 Java 对象的相互转换；

JsonArray：Json 数组，可以完成 Json 字符串与 Java 集合或对象的相互转换；

JsonStringer：Json 文本构建类，这个类可以帮助快速和便捷的创建 Json text，每个 JsonStringer 实体只能对应创建一个 Json text；

JsonTokener：Json 解析类；
JsonException：Json 异常。

6.2.3 代码示例

1. 空气质量 AQI 查询

（1）新建一个 module，命名为 JsonDemo。

（2）在项目 build.gradle 文件中的 dependencies 闭包下进行添加对 OkHttp 的依赖。

部分代码如下：

```
dependencies {
    ...
    implementation 'com.squareup.okhttp3:okhttp:3.14.0'
    ...
}
```

（3）在项目 build.gradle 文件中的 android 下添加指定 jdk 版本的代码以解决 Android studio 导入依赖构建时报错（Error：Static interface methods are only supported starting with Android N （--min-api 24））。

部分代码如下：

```
android {
    ...
    compileOptions {
        sourceCompatibility JavaVersion.VERSION_1_8
        targetCompatibility JavaVersion.VERSION_1_8
    }
    ...
}
```

（4）在 AndroidManifest.xml 中添加权限（注意需要增加外部存储读写权限）。

部分代码如下：

```
<manifest xmlns:android="http://schemas.android.com/apk/res/android"
    package="cn.edu.hbuas.okhttpdemo">
    ...
    <uses-permission android:name="android.permission.INTERNET" />
    <uses-permission android:name="android.permission.WRITE_EXTERNAL_STORAGE" />
    <uses-permission android:name="android.permission.READ_EXTERNAL_STORAGE" />
```

```
    ...
</manifest>
```

（5）API 23 以后引入新的保护机制对于仅使用安全通信的应用，禁止了明文通信，如果一定要使用明文通信的话，则可以在 AndroidManifest.xml 文件的 application 元素中添加：android：usesCleartextTraffic= “true” 作为一种临时的通信策略。

部分代码如下：

```
<manifest xmlns:android="http://schemas.android.com/apk/res/android"
    package="cn.edu.hbuas.okhttpdemo">
    ...
    <application
        ...
        android:usesCleartextTraffic="true"
        ...
    </application>
</manifest>
```

（6）布局文件 activity_main.xml。

```
<?xml version="1.0" encoding="utf-8"?>
<LinearLayout xmlns:android="http://schemas.android.com/apk/res/android"
    xmlns:app="http://schemas.android.com/apk/res-auto"
    xmlns:tools="http://schemas.android.com/tools"
    android:layout_width="match_parent"
    android:layout_height="match_parent"
    android:orientation="vertical"
    tools:context=".MainActivity">

    <Button
        android:layout_width="match_parent"
        android:layout_height="wrap_content"
        android:onClick="getAQI"
        android:text="查询城市空气质量"/>

</LinearLayout>
```

（7）MainActivity.java。

```
public class MainActivity extends AppCompatActivity {
    //武汉城市代码 101200101，北京 101010100，襄阳 101200201
    String url ="http://api.help.bj.cn/apis/aqi2/?id=101200201";

    @Override
    protected void onCreate(Bundle savedInstanceState) {
        super.onCreate(savedInstanceState);
        setContentView(R.layout.activity_main);
    }


    public void getAQI(View view) {
        OkHttpClient client = new OkHttpClient();
        Request.Builder builder = new Request.Builder();
        builder.url(url);
        Request request = builder.build();
        Call call = client.newCall(request);
        call.enqueue(new Callback() {
            @Override
            public void onFailure(Call call, IOException e) {
                e.printStackTrace();
            }

            @Override
            public void onResponse(Call call, Response response) throws IOException {
                String string = response.body().string();
                try {
                    JSONObject jsonObject = new JSONObject(string);
                    String city = jsonObject.getString("city");
                    String value = jsonObject.getString("val");
                    JSONArray jsonArray = jsonObject.getJSONArray("data");
                    JSONObject jsonObject1 = jsonArray.getJSONObject(0);
                    String PM25 = jsonObject1.getString("en");
```

```
                    String PM25Val = jsonObject1.getString("val");
                    runOnUiThread(new Runnable() {
                        @Override
                        public void run() {
                            Toast.makeText(MainActivity.this, "城市："+city+";"+PM25+"
的值为:"+PM25Val, Toast.LENGTH_LONG).show();
                        }
                    });

                } catch (JSONException e) {
                    e.printStackTrace();
                }
            }
        });
    }
}
```

（8）运行效果，见图 6.14。

图 6.14

上面解析的是简单的 Json，现在来写一个 Pojo 类：

Person.java:

```
/**
 * Created by Jay on 2015/9/8 0008.
 */
public class Person {
    private String id;
    private String name;
    private String age;
    public void setId(String id){
        this.id = id;
    }
    public String getId(){
        return this.id;
    }
    public void setName(String name){
        this.name = name;
    }
    public String getName(){
        return this.name;
    }
    public void setAge(String age){
        this.age = age;
    }
    public String getAge(){
        return this.age;
    }
    @Override
    public String toString() {
        return this.name + "~年方: " + this.age;
    }
}
```

写一个解析上述 Json 字符串的方法：

```
private void parseEasyJson(String json){
    persons = new ArrayList<Person>();
    try{
        JSONArray jsonArray = new JSONArray(json);
        for(int i = 0;i < jsonArray.length();i++){
            JSONObject jsonObject = (JSONObject) jsonArray.get(i);
            Person person = new Person();
            person.setId(i+"");
            person.setName(jsonObject.getString("name"));
            person.setAge(jsonObject.getString("age"));
            persons.add(person);
        }
    }catch (Exception e){e.printStackTrace();}
}
```

运行效果，见图 6.15。

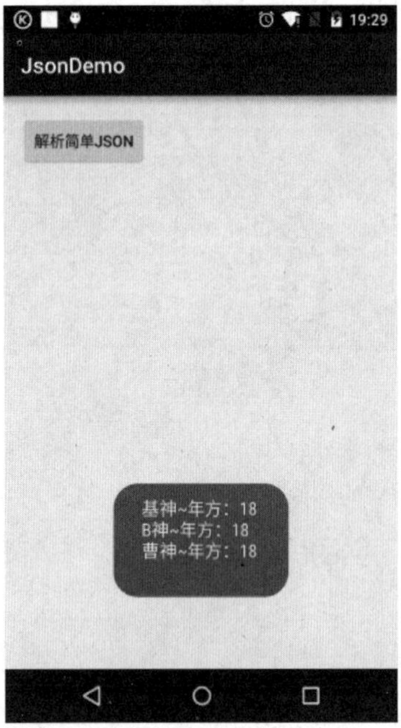

图 6.15

2. 复杂的 Json 字符串解析示例

如果是如下的 Json 字符串呢？

{"ch":[{"names":"北理工","data":[2,2,1,1,1,1], "times":[10,11,13,13,21,23]}, {"names":"北师大", "data":[2,2,1,1,1,1], "times":[10,11,13,13,21,23]}]}

那就需要用户一步步来处理数据了。

解析代码如下：

```
private void parseDiffJson(String json) {
    try {
        JSONObject jsonObject1 = new JSONObject(json);
        Log.e("Json", json);
        JSONArray jsonArray = jsonObject1.getJSONArray("ch");
        for (int i = 0; i < jsonArray.length(); i++) {
            JSONObject jsonObject = (JSONObject) jsonArray.get(i);
            //取出 name
            String sname = jsonObject.getString("names");
            JSONArray jarray1 = jsonObject.getJSONArray("data");
            JSONArray jarray2 = jsonObject.getJSONArray("times");
            Log.e("Json", sname);
            Log.e("Json", jarray1.toString());
            Log.e("Json", jarray2.toString());
        }
    } catch (Exception e) {
        e.printStackTrace();
    }

}
```

打印的 Log，见图 6.16。

图 6.16

参考文献

[1] 武永亮. Android开发范例实战宝典[M]. 北京：清华大学出版社，2015.

[2] 明日科技. 零基础学Android（全彩版）[M]. 长春：吉林大学出版社，2017.

[3] 关立勋. Android应用开发深入学习实录[M]. 北京：电子工业出版社，2013.

[4] 赵启明. Android典型技术模块开发详解[M]. 北京：中国铁道出版社，2012.

[5] 隆益民. Android应用开发[M]. 广州：中山大学出版社，2010.

[6] 王国辉，李伟. Android开发宝典[M]. 北京：机械工业出版社，2008.

[7] 朱桂英. Android网络开发技术实战详解[M]. 北京：电子工业出版社，2012.

[8] 柯元旦，宋锐. Android程序设计[M]. 北京：北京航空航天大学出版社，2010.

[9] 梅尔. Android高级编程[M]. 北京：清华大学出版社，2010.

[10] 郭宏志. Android应用开发详解[M]. 北京：电子工业出版社，2010.

[11] 曾宏远，崔荔蒙. 从零开始学Android编程[M]. 北京：电子工业出版社，2012.

[12] 张亚运. Android开发入门百战经典[M]. 北京：清华大学出版社，2017.

[13] 孙更新. Android从入门到精通[M]. 北京：电子工业出版社，2012.

[14] 巅峰卓越. Android从入门到精通[M]. 北京：人民邮电出版社，2016.